北京市气象防灾减灾科普读本

气象灾害与防御

初中分册

巩建波 主编

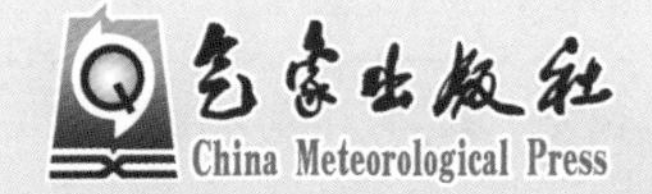

图书在版编目（CIP）数据

气象灾害与防御．初中分册 / 巩建波主编．-- 北京：气象出版社，2020.8

（北京市气象防灾减灾科普读本）

ISBN 978-7-5029-7239-4

Ⅰ．①气…　Ⅱ．①巩…　Ⅲ．①气象灾害－灾害防治－北京－青少年读物　Ⅳ．① P429-49

中国版本图书馆 CIP 数据核字（2020）第 131773 号

气象灾害与防御（初中分册）

巩建波　主编

出版发行：气象出版社

地　　址：北京市海淀区中关村南大街 46 号　　**邮政编码**：100081

电　　话：010－68407112（总编室）　010－68409198（发行部）

网　　址：http://www.qxcbs.com　　**E-mail**：qxcbs@cma.gov.cn

责任编辑：颜娇珑　邵　华　　**终　　审**：吴晓鹏

责任校对：张硕杰　　**责任技编**：赵相宁

版式设计：李勤学

封面设计：符　赋

印　　刷：北京地大彩印有限公司

开　　本：787 mm×1092 mm　1/16　　**印　　张**：7

字　　数：112 千字

版　　次：2020 年 8 月第 1 版　　**印　　次**：2020 年 8 月第 1 次印刷

定　　价：35.00 元

《气象灾害与防御（初中分册）》
编 委 会

主　　编：巩建波

编　　委：任志瑜　郭文利　王　冀
付宗钰　张小兵　王　雳
李　威

编写人员：韩淑云　高迎新　孙冬燕
宋丽芳　吉利斌　赵秀娟

顾　　问：韩宝江

目录

第一章 我国常见的气象灾害

我国大部分地区处于东亚季风区，大陆性季风气候显著，气候类型复杂多样。

我国年平均气温 9.6 ℃，比全球年平均气温低 4.4 ℃；年平均降水量 630 毫米，比全球年平均降水量少 22%[①]。气温和降水的季节变化比较明显，7 月全国平均气温（21.9 ℃）和 1 月全国平均气温（−5.0 ℃）差值达到 26.9 ℃，80% 的年降水量集中在 4—9 月，而且每年气候波动大，易旱易涝。

我国是受气候变化影响最大的国家之一。在全球气候变暖的大环境下，我国的暴雨洪涝、高温和干旱等极端天气气候事件频发，气象灾害影响严重。

知识百科

极端天气气候事件 对于某一特定时间和特定地点，出现天气（气候）的状态严重偏离其平均态的事件。在统计意义上属于发生概率极小的事件，通常只占该类天气现象的 10% 或者更低。通俗地讲，极端天气气候事件指的是 50 年一遇、100 年一遇，甚至更小概率的事件。

① 数据引自国家气候中心《中国气候变化蓝皮书》（2018 年）。

第一节 我国受气象灾害影响严重

气象灾害是指气象条件直接引发的自然灾害，包括干旱、暴雨洪涝、大雾、沙尘暴、高温和低温冷害、雪灾、冰冻灾害等。

我国气象灾害发生频繁、灾害种类繁多，是世界上受气象灾害影响最严重的国家之一。近年来，我国受气象灾害影响的范围逐渐扩大，影响程度日趋严重。1990 年以来，气象灾害占所有自然灾害的 71%（如图 1-1 所示），导致我国平均每年有 3800 多人死亡，年均直接经济损失超过 2300 亿元。

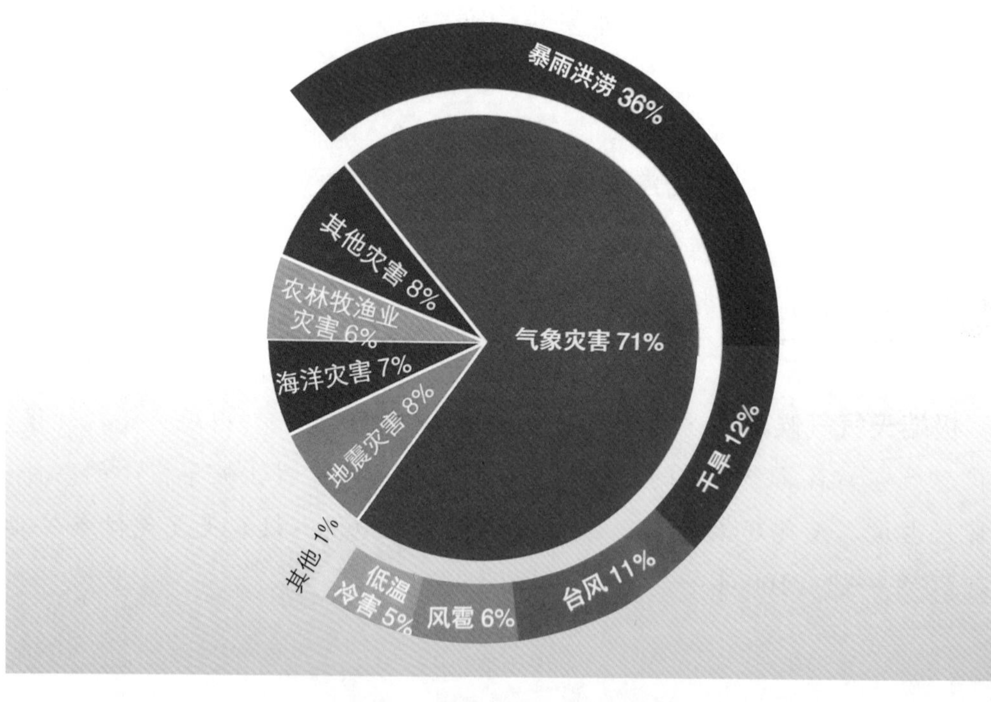

图 1-1　我国各种自然灾害的占比
（资料引自国家气候中心《应对极端事件　管理灾害风险》，2005）

思考与实践

◆ 请从图 1-1 中指出我国哪类气象灾害占比最大？其对人们的生产、生活造成了哪些危害？

第二节 气象灾害预警信号的种类

气象灾害的种类

按照《气候季节划分》标准规定：当连续 5 天的日平均气温小于 10 ℃时，这 5 天当中的首个日期为冬季伊始；大于或等于 10 ℃时为春季伊始；大于或等于 22 ℃时为夏季伊始；小于 22 ℃时为秋季伊始①。在我国历史上，民间多以立春、立夏、立秋、立冬作为四季的开始。目前，我国采用的四季划分标准与北半球温带地区的欧美国家相同，将 3—5 月作为春季，6—8 月作为夏季，9—11 月作为秋季，12 月至来年 2 月作为冬季。

在我国广袤的土地上，一年四季都会发生不同种类的气象灾害。春季以大风、沙尘暴、干旱等灾害为主；夏季暴雨、高温、雷电、冰雹、龙卷、台风等灾害影响最大；秋季大雾、霾、霜冻等灾害开始频繁出现；冬季暴雪、寒潮、道路结冰、持续低温和电线积冰等危害突出。

沙尘暴　暴雨　冰雹

霾　大风　雷电

① 气候季节划分的另外一个标准是按照滑动平均气温序列进行统计和判定的，其判定方法较为复杂，此处不再阐述。

气象灾害预警信号的种类

气象灾害预警信号，是指各级气象主管机构所属气象台站向社会公众发布的预警信息，是指导防灾减灾工作的重要依据。气象灾害预警信号由名称、图标、标准和防御指南组成。北京市气象灾害预警信号包含大风、沙尘（暴）、干旱、暴雨、高温、雷电、冰雹、台风、大雾、霾、霜冻、暴雪、寒潮、道路结冰、持续低温和电线积冰共计 16 种。

不同颜色的预警信号表示不同的等级，一般来说根据气象灾害可能造成的危害程度、紧急程度和发展态势分为四级，依次用蓝色、黄色、橙色和红色分别表示将有一般、较重、严重和特别严重的气象灾害事件发生，同时以文字加以标识。有些种类的气象灾害预警信号只有二级或三级，如：干旱预警信号只有橙、红 2 种颜色，冰雹预警信号只有黄、橙、红 3 种颜色。

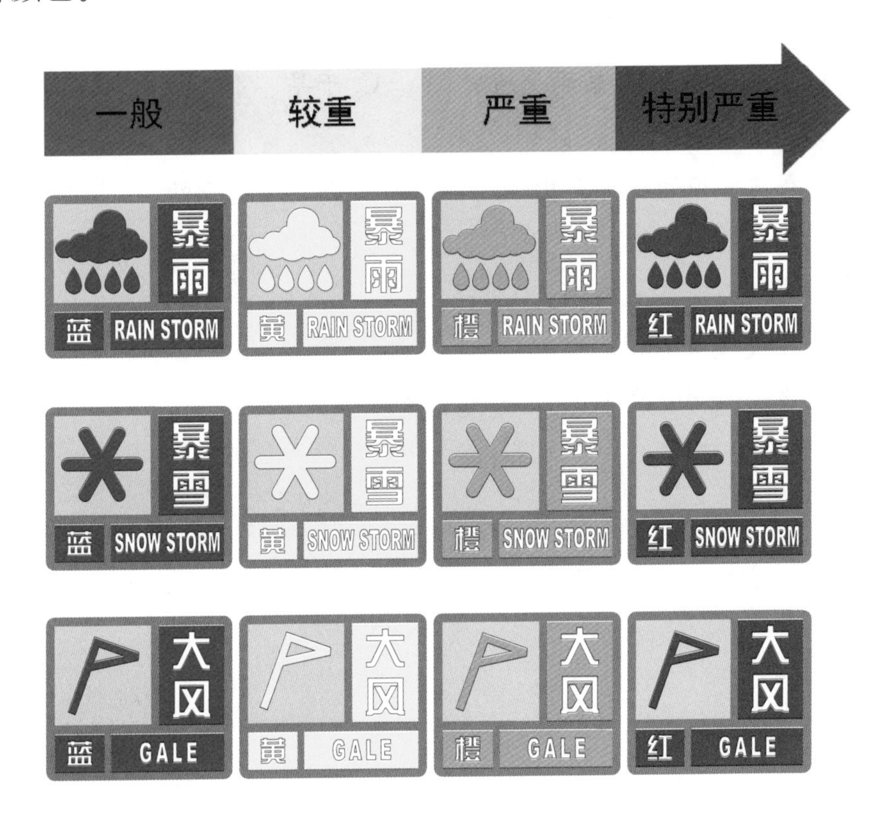

知识百科

日平均气温　每天02时、08时、14时、20时4个时次测量的气温求平均。

思考与实践

◆ 气象灾害红色预警信号属于气象灾害预警轻重等级中的（　　）级别。

A. 一般　　B. 较重　　C. 严重　　D. 特别严重

答案：D

◆ 下列气象灾害中只有二级预警信号的是（　　）。

A. 干旱　　B. 暴雨　　C. 冰雹　　D. 大风

答案：A

◆ 下面哪一项没有气象灾害预警信号？（　　）

A. 大风　　B. 暴雨（雪）　　C. 干旱　　D. 冰冻

答案：D

◆ 气象灾害预警信号是由（　　）向社会公众发布的。

A. 国务院

B. 省级以上人民政府

C. 中央气象台

D. 各级气象主管机构所属气象台站

答案：D

第三节 气象灾害预警信号的获取手段

当气象部门发布气象灾害预警信号时，我们可以通过政府网站、微博、微信、手机短信、手机天气预报客户端、广播、户外显示屏、公交地铁移动终端、电视、报纸、大喇叭等多种途径来获取最新的气象灾害预警信号。

北京市气象局门户网站

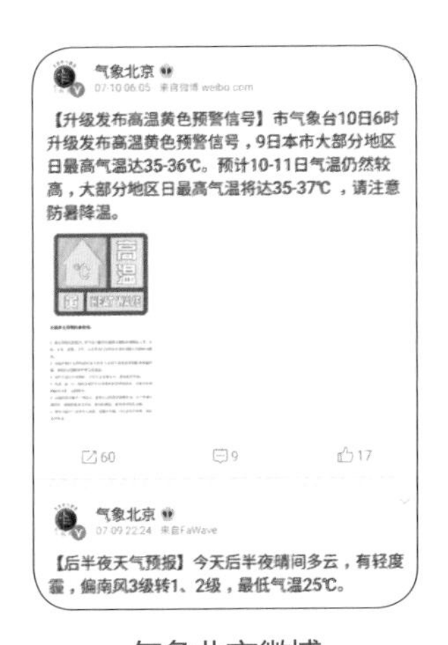

气象北京微博

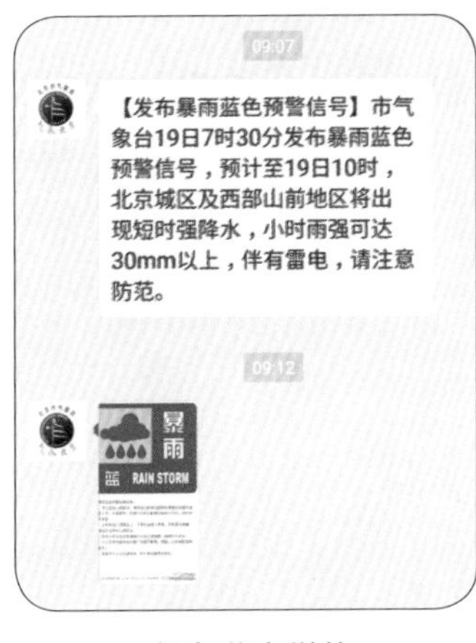

气象北京微信

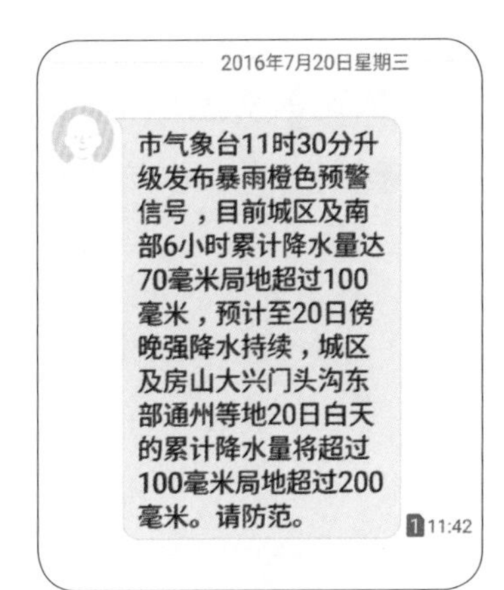

手机短信

广播

户外显示屏

电视

思考与实践

◆ 同学交流：你曾经通过哪些途径获取过气象灾害预警信号？

◆ 想一想：你所在地区较常发布的气象灾害预警信号有哪些？

第二章 春季常见的气象灾害及其防御

春季为一年之始，万象更新，生机盎然。俗语“春天孩儿面，一天脸三变”，说的就是春天天气变化多端，就像孩子一样“喜怒”无常。春季常见的气象灾害有大风、沙尘暴以及干旱。

第一节 大风

风是指空气的水平运动。当出现瞬时风速大于或等于 17.2 米／秒，即风力达到或超过 8 级的风时，称之为大风。

 大风产生的原因

由于地球表面各处照射到的太阳光是很不均匀的，因此近地面的空气也变得冷热不均。近地面阳光照射较多的地方，空气温度会缓慢上升，较热的空气逐渐膨胀密度变小，由于浮力作用产生上升运动，此时附近相对较冷的空气便横向补充进来，补充进来的冷空气遇热后又会上升，这样冷、热空气就不断运动起来了。

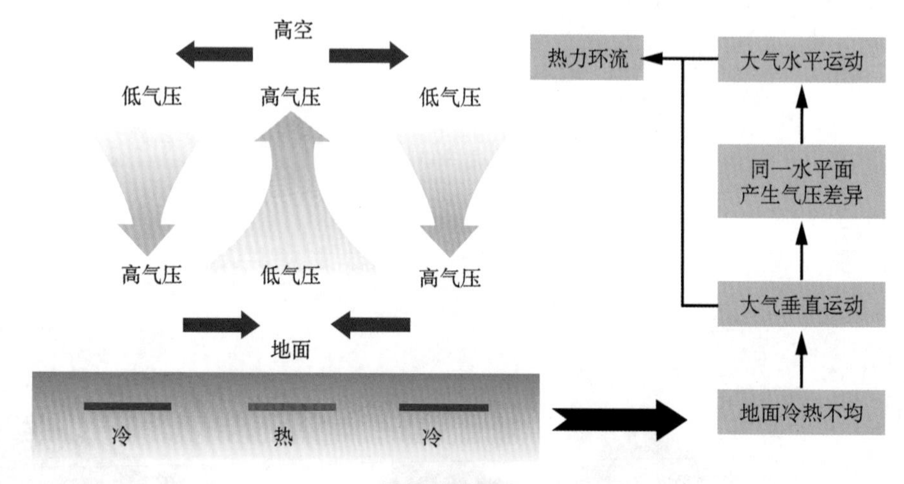

风的形成原理

冷空气气压较高，而暖空气气压较低，这样冷、暖空气之间就会形成气压差。气流流动方向一般从高压指向低压，只要有气压差存在，空气就会一直流动，气压差越大，空气流动的速度就越快。当空气的流动速度达到一定量级时，大风天气便产生了。在我国，引起灾害的大风常由冷空气、气旋、强对流天气（雷暴、飑（biāo）线、龙卷）等天气系统活动产生。

气旋 在北半球，大气中水平气流呈逆时针旋转的大型涡旋，由四周向中心辐合。在南半球，气流呈顺时针方向旋转。

飑线 由许多雷暴单体侧向排列而形成的狭窄强对流天气带，其范围小，生命史短。

大风的危害

对农业的危害：使农作物水分代谢失调，造成农作物因失水而枯萎。此外，还会造成土壤风蚀、沙丘移动，毁坏农田。北方早春的大风，可使树木倒伏、折断。

对畜牧业的危害：使牧草因失水而干枯，畜禽数量和质量严重下降。

对环境的危害：会加剧次生自然灾害的发生和危害程度，还会剥蚀土壤，促使半固定沙丘活化和流动沙丘前移，导致荒漠化进程加快。

对人民生命财产和其他行业的危害：会造成人员直接或间接伤亡的事故，还会时常吹倒不牢固的建筑物、高空作业的吊车、广告牌、电线杆、帐棚等，造成财产损失和通信、供电的中断。

大风刮倒简易房损坏汽车

春季的大风天气

大风席卷后的城市街道

被大风刮毁的临时建筑

大风预警信号[①]

大风预警信号分四级，分别以蓝色、黄色、橙色、红色表示。

大风预警信号及标准

预警信号（图标）	标准
大风蓝色预警信号	24 小时可能受大风影响，平均风力可达 6 级以上，或者阵风 7 级以上；或者已经受大风影响，平均风力为 6～7 级，或者阵风 7～8 级并可能持续
大风黄色预警信号	12 小时可能受大风影响，平均风力可达 8 级以上，或者阵风 9 级以上；或者已经受大风影响，平均风力为 8～9 级，或者阵风 9～10 级并可能持续
大风橙色预警信号	6 小时可能受大风影响，平均风力可达 10 级以上，或者阵风 11 级以上；或者已经受大风影响，平均风力为 10～11 级，或者阵风 11～12 级并可能持续

① 本书预警信号全部采用《北京市气象灾害预警信号与防御指南》（2019 年 6 月）版本。

续表

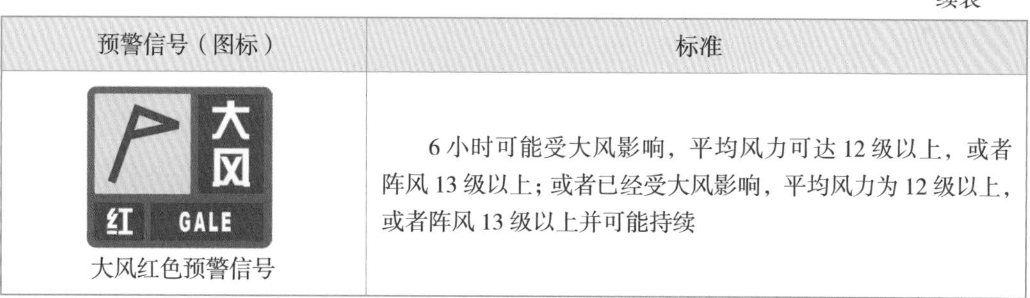

预警信号（图标）	标准
大风 红 GALE 大风红色预警信号	6 小时可能受大风影响，平均风力可达 12 级以上，或者阵风 13 级以上；或者已经受大风影响，平均风力为 12 级以上，或者阵风 13 级以上并可能持续

如何防御大风带来的危害

◆ 尽量减少外出，不要在高大建筑物、广告牌、临时搭建物或大树下方停留。

◆ 在房间里要关好窗户，在窗玻璃上贴上“米”字形胶布，防止玻璃破碎，远离窗口，避免强风席卷沙石击破玻璃伤人。

◆ 驾车出行时尽量减速慢行，尽量将车开到地下停车场或隐蔽处，不要将车停在易被大风刮倒的广告牌、大树等下方。

◆ 在公共场所，应向指定地点疏散。

思考与实践

◆ 讨论：你所经历过的或知道的影响较大的大风天气有哪些？

第二节 沙尘暴

沙尘天气是风将地面尘土、沙粒卷入空中，使空气混浊的天气现象的统称，包括浮尘、扬沙、沙尘暴、强沙尘暴和特强沙尘暴天气，见表 2-1。

沙尘暴是沙暴和尘暴两者兼有的总称，是指强风把地面大量沙尘物质吹起卷入空中，使空气特别混浊，水平能见度小于 1 千米的天气现象，包括沙尘暴、强沙尘暴和特强沙尘暴。

表 2-1 沙尘种类

浮尘	当天气条件为无风或平均风速小于或等于 3 米 / 秒时，尘土、细沙浮游在空气中，使水平能见度小于 10 千米的天气现象
扬沙	风将地面沙尘吹起，使水平能见度在 1 ～ 10 千米的天气现象
沙尘暴	风将地面尘土、沙粒卷入空中，使空气非常混浊，水平能见度小于 1 千米的天气现象
强沙尘暴	大风将地面尘沙吹起，使空气非常混浊，水平能见度小于 500 米的天气现象
特强沙尘暴	狂风将地面大量尘沙吹起，使空气特别混浊，水平能见度小于 50 米的天气现象

沙尘暴产生的原因

沙源的存在和空气流动的不稳定是导致沙尘暴出现的主要原因。沙尘暴的生成有 3 个必要条件：

一是有沙尘源地，即沙漠、戈壁及大面积荒漠化的土地。

二是出现 6 级以上大风，这是扬起地面沙尘的动力条件，严重的沙尘暴至少伴有 10 级以上狂风。

沙尘暴的形成

三是大气柱有热力不稳定，能将沙尘抬升到数千米高空并向远方漂移，这就是人们看到沙尘暴到来之前“天空发黄”的现象，严重时能形成高达千米的沙尘暴墙铺天盖地呼啸而来。

春季容易出现沙尘暴天气，是由于春季气温回升，地表开始解冻，而此时空气干燥缺乏降水，同时植被稀少，在缺乏雨雪和植被覆盖情况下，大风过境就会将尘土吹起造成沙尘暴天气。

沙尘暴的危害

沙尘暴一般是通过强风、沙埋、土壤风蚀和大气污染 4 种方式造成危害。沙尘暴是我国西北地区和华北地区出现的强风灾害性天气。沙尘污染空气严重危害人体健康，特别是会对人的呼吸系统产生严重影响。沙尘暴污染大气使能见度降低，公路交通阻断，机场关闭，轮船停驶；有时还能使城市供电中断，通信设备损坏，严重影响正常生活秩序；对水利设施、农作物和牲畜的危害也很大；对土壤的风蚀是土地荒漠化的重要成因。

我国北方的沙尘天气

影响我国的沙尘暴源地及路径

沙尘暴天气大多源自内陆沙漠地区，我国西北地区是沙尘暴频发地区。影响我国的沙尘源地分为境外和境内两种，2/3 的沙尘天气起源于蒙古国南部，境内沙源仅占1/3左右。沙尘暴的发生与人类活动有一定关系，基本上是自然因素引起的。

春季是北京沙尘天气多发的季节，北京本身并不具备发生大规模沙尘暴天气的条件，但会经常出现程度不等的沙尘天气。进入北京的沙尘主要有三条路径：一条是偏北路径，由内蒙古浑善达克沙地一带经由河北黑河河谷影响北京；二是西北路径，由内蒙古朱日和一带经张家口、河北洋河河谷影响北京；三是偏西路径，从黄土高原，经河北桑干河地区沿永定河河谷影响北京。

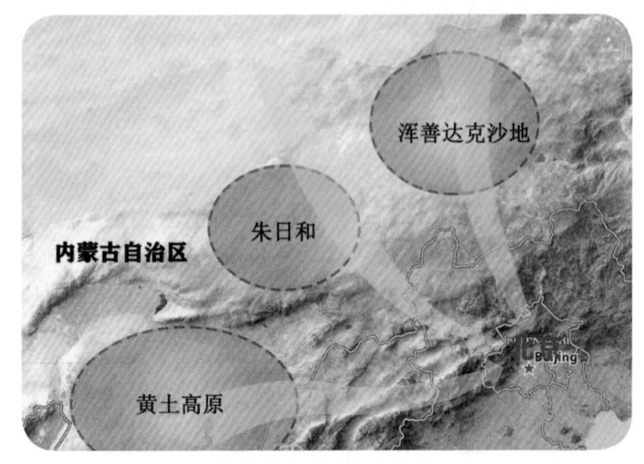

进入北京的沙尘路径

沙尘（暴）预警信号

沙尘（暴）预警信号分四级，分别以蓝色、黄色、橙色、红色表示。

沙尘（暴）预警信号及标准

预警信号（图标）	标准
S 沙尘 蓝 DUST 沙尘蓝色预警信号	12小时可能出现扬沙或浮尘天气，或者已经出现扬沙或浮尘天气并可能持续
沙尘暴 黄 SAND STORM 沙尘暴蓝色预警信号	12小时可能出现沙尘暴天气，能见度小于1000米；或者已经出现沙尘暴天气并可能持续

续表

预警信号（图标）	标准
沙尘暴橙色预警信号	6 小时可能出现强沙尘暴天气，能见度小于 500 米；或者已经出现强沙尘暴天气并可能持续
沙尘暴红色预警信号	6 小时可能出现特强沙尘暴天气，能见度小于 50 米；或者已经出现特强沙尘暴天气并可能持续

如何防御沙尘暴带来的危害

◆ 紧闭门窗，尽量减少外出和户外活动。必须外出时，应佩戴口罩、纱巾等防尘用品，外出归来尽快清洗面部和鼻腔。

◆ 老人、儿童及患有呼吸道过敏性疾病的人不宜出门。

◆ 外出时要注意交通安全，远离广告牌、大树、电线杆，也不要在高层建筑物下避风，以防强风造成高空坠物砸伤。

◆ 驾车出行时要密切关注路况，减速慢行。

思考与实践

◆ 讨论：你曾遇到过沙尘天气吗？你是如何做好防护的？

◆ 出现沙尘暴天气时，空气中水平能见度小于多少千米？

A. 1 千米　　B. 2 千米　　C. 3 千米

答案：A

第三节 干旱

干旱是指因长期无雨或少雨导致土壤和空气干燥的现象。

干旱产生的原因

干旱的发生与很多因素有关，如降水、蒸发、气温、土壤墒（shāng）情、灌溉条件、种植结构、作物生育期的抗旱能力及工业和城乡用水情况等。

干旱的危害

对农业生产的危害：干旱影响农作物的生长发育，会造成粮食减产或绝收、牧草品质下降等。

对生态环境的危害：干旱造成湖泊、河流水位下降，部分出现干涸，甚至断流现象。

对社会经济的危害：由于干旱引起的水资源供需不平衡，会造成水资源短缺的现象，进而对工业用水、城市居民用水、农业生产活动等各方面带来不利影响。例如，干旱会导致各种农产品产量下降，从而影响加工行业的正常运行，造成市场物价的波动。

受旱灾影响的农田

我国干旱概况

我国干旱发生非常频繁，一年四季均有可能发生。春旱主要发生在黄淮流域及其以北地区，华北地区发生春旱的概率在 70% 左右，有“十年九旱”之说。有的年份春旱持续到 6 月或 7 月，形成春夏连旱。新疆维吾尔自治区是常年干旱区，西藏、青海、甘肃、宁夏、内蒙古、黑龙江、吉林、辽宁、四川、云南、贵州等省（自治区）干旱发生频率较高。

北京是否属于干旱地区

从我国干湿地区的分布情况来看，北京属于半湿润地区，不属于干旱地区。北京的气候为典型的暖温带半湿润大陆季风气候，夏季高温多雨，冬季寒冷干燥，春、秋短促，年降水量 7 成以上集中在夏季（6—8 月），年降水量通常在 500 ～ 700 毫米。

干旱预警信号

干旱预警信号分二级，分别以橙色、红色表示。

干旱预警信号及标准

预警信号（图标）	标准
干旱 橙 DROUGHT 干旱橙色预警信号	预计未来一周综合气象干旱指数达到重旱(气象干旱为 25 ～ 50 年一遇)，或者某一县（区）有 40% 以上的农作物受旱
干旱 红 DROUGHT 干旱红色预警信号	预计未来一周综合气象干旱指数达到特旱(气象干旱为 50 年以上一遇)，或者某一县（区）有 60% 以上的农作物受旱

如何防御干旱带来的危害

干旱主要是对农业的影响严重。在广大农村要广泛开辟抗旱水源，修建水利设施，科学调度抗旱用水。靠近大中型水库和江河干流的地方要千方百计做好灌溉工作，并要时刻关注天气变化，抓住有利时机积极组织实施人工增雨。此外，广大公众要从自身做起，广泛宣传节约用水理念，并落实到行动中。

思考与实践

◆ 请同学们分组讨论，都有哪些可行的节约用水措施？

◆ 农业干旱一般多发生在一年当中的哪个季节？

A. 春季　　B. 夏季　　C. 秋季　　D. 冬季

答案：A

第三章

夏季常见的气象灾害及其防御

唐代贾弇（yǎn）《状江南 · 孟夏》一诗："江南孟夏天，慈竹笋如编。蜃气为楼阁，蛙声作管弦。"这首诗向我们描述了江南初夏的天气。

夏季，北半球一年中的第二个季节，又称"昊天"，是一年中最热的季节。夏季常见的气象灾害有暴雨、高温、雷电、冰雹、龙卷及台风。

第一节 暴雨

暴雨是指在短时间内产生较强降雨的天气现象。当 24 小时内降雨量达到或超过 50 毫米时，就达到了暴雨的标准。暴雨按降水强度大小又分为 3 个等级：暴雨、大暴雨和特大暴雨，具体划分标准见表 3-1。

表 3-1 降雨量等级划分

24 小时降雨量（毫米）	＜0.1	0.1 ～ 9.9	10.0 ～ 24.9	25.0 ～ 49.9	50.0 ～ 99.9	100.0 ～ 249.9	≥ 250.0
等级	微量降雨	小雨	中雨	大雨	暴雨	大暴雨	特大暴雨

暴雨产生的原因

降水形成条件

首先，降水地区需要具备充足的水汽供应，即水汽要由源地水平输送到降水地区，这是降水形成的重要物质条件。

积雨云产生的暴雨

其次，降水地区的水汽要有垂直上升运动。水汽在降水地区辐合上升，在上升过程中冷却凝结成云。持续不断的垂直运动使云中的水滴和冰晶相互碰撞并不断增大。

最后，当云中的水滴或冰晶增大到能够克服空气的阻力和浮力时，便会从云中落下，形成雨、雪或其他形式的降水。

暴雨形成条件

除上述一般降水所必须满足的条件外，形成暴雨还必须具备源源不断的水汽供应，强盛而持久的气流上升运动，以及大气层结构的不稳定。第一个条件保证了降水量充足，后两个条件保证了拥有足够强盛的垂直对流运动，从而降水能够达到暴雨量级。

暴雨的危害

暴雨是影响生产、生活的主要气象灾害之一，尤其是短时间突发性的暴雨，往往伴有大风、雷电、冰雹等气象灾害。暴雨常诱发城市内涝，造成交通中断、航班延误、工程损坏、堤防溃决和农作物被淹；同时，还会诱发中小河流洪水、山洪、泥石流、崩塌、滑坡等次生灾害。暴雨往往造成巨大经济损失，甚至造成人员伤亡。

在暴雨中熄火的车辆

暴雨预警信号

暴雨预警信号分四级，分别以蓝色、黄色、橙色、红色表示。

暴雨预警信号及标准

预警信号（图标）	标准
暴雨 蓝 RAIN STORM 暴雨蓝色预警信号	预计未来可能出现下列条件之一或实况已达到下列条件之一并可能持续:（1）雨强（1小时降雨量）达30毫米以上;（2）6小时降雨量达50毫米以上;（3）24小时降雨量达70毫米以上
暴雨 黄 RAIN STORM 暴雨黄色预警信号	预计未来可能出现下列条件之一或实况已达到下列条件之一并可能持续:（1）雨强（1小时降雨量）达50毫米以上;（2）6小时降雨量达70毫米以上;（3）24小时降雨量达100毫米以上
暴雨 橙 RAIN STORM 暴雨橙色预警信号	预计未来可能出现下列条件之一或实况已达到下列条件之一并可能持续:（1）雨强（1小时降雨量）达70毫米以上;（2）6小时降雨量达100毫米以上;（3）24小时降雨量达150毫米以上
暴雨 红 RAIN STORM 暴雨红色预警信号	预计未来可能出现下列条件之一或实况已达到下列条件之一并可能持续 :（1）雨强（1小时降雨量）达100毫米以上 ;（2）6小时降雨量达150毫米以上 ;（3）24小时降雨量达200毫米以上

如何防御暴雨带来的危害

◆ 个人尽量不要外出，必须外出时未成年人务必有成人陪同。如在野外，可选择地势较高的民居暂避，以防雷击；也不要沿山谷低洼处行走，注意防范山体滑坡、滚石、泥石流；如发现高压线铁塔倾倒、电线低垂或断折，要远离避险，不可触摸或接近。

◆ 不要将垃圾、杂物等丢入下水道，以防堵塞，造成暴雨时积水成灾。

◆ 不要在路况不明的积水中行走，如确需在积水中行走时，要细心观察周围的警示标志和路况，防止跌入窨（yìn）井、地坑、沟渠之中；蹚水行走时，要注意积水面的变化，遇有漩涡务必绕行，以免被吸入失去井盖的下水道。

◆ 切勿在高楼、广告牌下躲雨或停留。应该尽量避开桥下、涵洞等低洼地区，当地铁、地下商场、过街通道等地下空间积水时切勿进入。远离易涝区、危房、边坡、简易工棚、挡土墙、河道、水库等可能发生危险的区域。

◆ 驾车出行时应及时了解交通信息和前方路况，切勿驶入积水不明路段；汽车如陷入深积水区，应迅速下车转移。

暴雨天气引发洪灾怎么办

◆ 及时关闭电源、煤气开关，在注意躲避雷击的同时，尽快撤到高地或屋顶避险。

◆ 受到洪水威胁，如果时间充裕，应按照预定路线有组织地向山坡、高地等处转移。

◆ 遇到山洪暴发，应该避免渡河，以防止被山洪冲走。还要注意防止山体滑坡、滚石、泥石流的伤害。不要沿河床行走，不要沿着泄洪道方向奔跑，要向两侧迅速躲避，或向高处转移。

◆ 如果被洪水包围，要尽可能利用船只、木排、门板、木床等做水上转移，或想方设法尽快与当地政府防汛部门取得联系，报告自己的准确方位和险情，积极寻求援助。洪水来得太快，已经来不及转移时，要立即爬上屋顶、楼房高层、大树、高墙做暂时避险，等待援救。不要采取游泳逃生，不可攀爬有电电线杆、铁塔等，不要爬到不坚固的泥坯房顶上。

暴雨天气引发泥石流怎么办

◆ 多雨时节去山区游玩时一定要小心泥石流。在泥石流多发季节里，尽量不要到泥石流多发山区旅游。最好聘请一位当地向导，避开一些地质条件不稳定的地区。

◆ 一旦遇到大雨、暴雨，要迅速转移到安全的高地，不要在低洼的谷底或陡峻的山坡下躲避停留。

◆ 不要沿河道山谷低洼处行走，当听到土石崩落、洪水咆哮等异常响声时，要迅速向沟岸两侧高处跑，选择土石完整的缓坡或无流水冲刷的地段避险。

◆ 发现泥石流袭来时，应向与泥石流方向垂直的两边山坡上面转移，不要顺沟方向往上游或下游跑。不要在泥石流中横渡。

暴雨天气引发山体滑坡怎么办

◆ 迅速撤离到安全的避难场地，遇到山体崩滑时，要朝垂直于滚石前进的方向跑，切忌在逃离时朝着滑坡方向跑。千万不要将避灾场地选择在滑坡的上坡或下坡。

◆ 遇山体滑坡、山体崩滑无法继续逃离时，应迅速抱住身边的树木等固定物体，可躲避在结实的障碍物下，或蹲在地沟里，注意保护好头部，利用身边的衣物裹住头部。

◆ 行车中遇到山体滑坡应迅速驶离有斜坡的路段，做到人绕道、车绕行。

◆ 滑坡过后，应在第一时间开展自救和互救。

北京山区的山体滑坡

思考与实践

◆ 暴雨能够引发哪些次生灾害？

A. 洪水　　　　B. 泥石流　　　　C. 滑坡

答案：ABC

◆ 当遇到山洪或泥石流时，哪种逃生方法是正确的？

A. 顺着泥石流方向逃生

B. 垂直于泥石流方向向两侧逃生

C. 逆着泥石流方向逃生

答案：B

◆ 降雨等级是根据单位时间降雨量的多少来划分的，分为小雨、中雨、大雨和暴雨等。那么大雨是指 24 小时降雨量达到多少的雨呢？

A. 10.0 ～ 19.9 毫米

B. 20.0 ～ 49.9 毫米

C. 25.0 ～ 49.9 毫米

答案：C

第二节 高温

一般把日最高气温达到或超过 35℃的天气称为高温，达到或超过 37℃时称酷暑。因我国幅员辽阔，各地高温标准不完全相同。

高温产生的原因

一般情况下，出现高温天气通常需要满足以下 3 个条件。

一是处于中低纬度地区，有较多的太阳辐射。如热带地区终年能得到强烈的阳光照射，气候炎热。

二是经常处在高压控制之下，盛行下沉气流，大气通透性很好，太阳辐射很容易到达地面，辐射升温非常明显。如 2018 年 7 月下旬至 8 月上旬影响我国的副热带高压与常年同期相比明显偏北，东北地区南部以及华北地区的高温持续发展，辽宁、吉林多地出现了历史极端高温天气。由于在副热带高压外围边缘控制区域的水汽相对充足，空气湿度大，体感温度高，因此人们更容易产生闷热感。

三是处于海拔较低的平原、盆地或浅谷中，热量不易散发。如高温日数较多的重庆和西安，一方面是受高压系统控制，另一方面是两地都处于盆地地形中，这种地形条件容易聚集热量，而散热相对较慢，因此更容易出现持续的高温天气。

透过树叶的烈日

高温下的城市街道

高温的危害

对健康的危害：连续高温会使人们生理、心理不能适应环境，工作效率低，中暑、肠道疾病、心脑血管疾病等的发病率增多。当温度超过人体的耐受极限时，容易导致疾病的发生或加重甚至死亡，高温热浪（连续 3 天以上的高温天气）往往使人心情烦躁，甚至会出现神志错乱的现象，容易造成公共秩序混乱、人员伤亡事故的增加。

对农作物的危害：高温热浪、少雨同时出现时，会造成土壤失墒严重，加速旱情发展，影响植物生长发育，给农业生产造成较大影响，使农作物减产。

对人们生产生活的危害：高温热浪过程会因用于防暑降温的用水量、用电量急剧增大，造成水、电供应紧张，故障频发，从而给人们生活、生产带来很大影响。

对生态环境的危害：持续高温少雨，极易引发火灾，使生态环境遭到破坏。

高温预警信号

高温预警信号分四级，分别以蓝色、黄色、橙色、红色表示。

高温预警信号及标准

预警信号（图标）	标准
高温 蓝 HEAT WAVE 高温蓝色预警信号	单日最高气温将升至 37 ℃以上，或连续 2 天日最高气温将在 35 ℃以上
高温 黄 HEAT WAVE 高温黄色预警信号	单日最高气温将升至 39 ℃以上，或连续 3 天日最高气温将在 35 ℃以上
高温 橙 HEAT WAVE 高温橙色预警信号	单日最高气温将升至 40 ℃以上，或连续 2 天日最高气温将在 37 ℃以上

续表

预警信号（图标）	标准
高温 ℃ 红 HEAT WAVE 高温红色预警信号	单日最高气温将升至 41 ℃以上，或连续 3 天日最高气温将在 37 ℃以上

如何防御高温带来的危害

◆ 白天避免或减少室外活动，尤其是上午10 时至下午 4 时。

◆ 外出时应采取防护措施。如打遮阳伞或戴遮阳帽，穿浅色衣服，涂抹适合的防晒霜，带足饮用水，并且不要长时间在太阳下暴晒。

◆ 不要过度吃冷饮，不要暴饮暴食，避免肠胃不适。

◆ 不宜在阳台、树下或露天睡觉。

◆ 浑身大汗时不要立刻用冷水洗澡，应先擦干汗水，稍事休息后再用温水洗澡。

◆ 要注意防止蚊虫叮咬。

思考与实践

◆ 高温季节如何防止中暑？中暑了怎么办？

◆ 暑热有好处吗？谈一谈你对“大暑无酷热，五谷多不结”的理解。

◆ 气象学上一般把日最高气温达到或超过多少摄氏度时称为高温天气？

A. 32 ℃　　B. 33 ℃　　C. 35 ℃　　D. 36 ℃

答案：C

第三节 雷电

雷电是伴有闪电和雷鸣的一种大气剧烈放电现象。

闪电分为云地闪、云际闪和云内闪等。云地闪是指发生在云体与地面之间的大气放电现象。云际闪是指发生在不同云体之间的大气放电现象。云内闪是指发生在云体内部的大气放电现象。云地闪会对人类、动植物和建筑物造成危害，其他类型的雷电会对飞行器造成危害。

雷电产生的原因

雷电产生于对流发展旺盛的积雨云中，因此常伴有强烈的阵风和暴雨，有时还伴有冰雹和龙卷。积雨云中的水滴、冰晶等微粒在自身重力和强烈上升气流共同作用下，不断发生碰撞摩擦而产生电荷。

正电荷和负电荷集中的部位会产生电位差，当电位差达到一定程度时，就会发生激烈的放电，从而出现强烈的闪光，也就是我们看到的闪电。放电过程中，闪电通道中温度骤增，使空气体积急剧膨胀，从而产生冲击波，发出我们所听到的雷鸣。

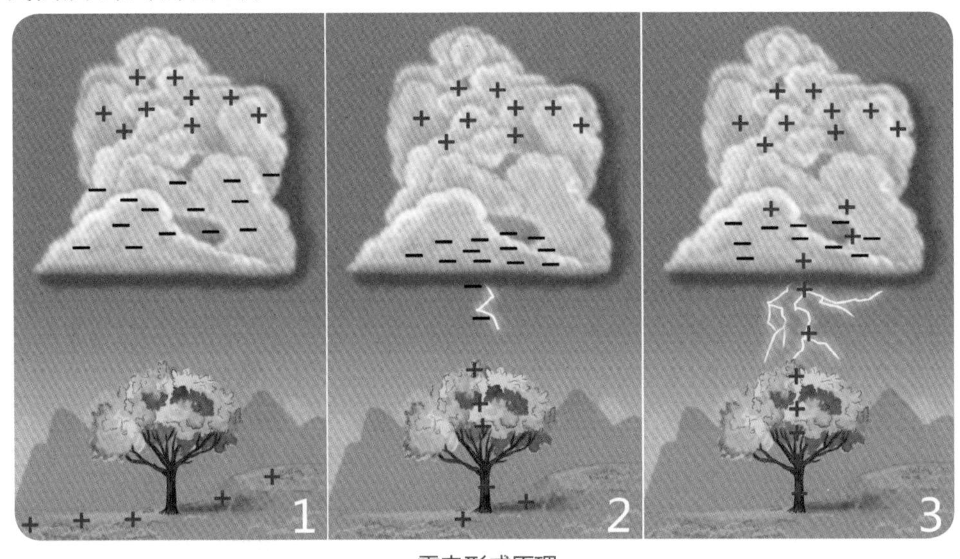

雷电形成原理

雷电的危害

雷电产生强大电流，瞬间通过物体时产生高温，会引起燃烧、熔化，触及人畜时，会造成人畜伤亡。雷击爆炸作用和静电作用能引起树木、电杆、房屋等物体被劈裂或倒塌。

各种电力线、电话线、广播线由于雷击产生高电压，导致电气设备损坏。

被雷电击毁的电源箱

被雷电击中的大树

雷电对人的伤害方式，归纳起来有 4 种形式：直接雷击、接触电压、旁侧闪击和跨步电压。

直接雷击：在雷电现象发生时，闪电直接击到人体。由于人是一个很好的导体，高达几万到十几万安培的雷电电流，易经人的头顶通过人体到两脚，再流入大地。人若遭受直接雷击，身体将会通过全部的雷电电流，会因此而受伤，严重的甚至死亡。

直接雷击

接触电压：当雷电电流通过高大的物体，如高的建筑物、树木、金属构筑物等泄放下来时，强大的雷电电流会在高大导体上产生高达几万到几十万伏的电压。人若不小心触摸到这些物体，会受到这种接触电压的袭击，发生触电事故。

接触电压

旁侧闪击：当雷电击中一个物体时，强大的雷电电流通过物体泄放到大地。一般情况下，电流是会选择最容易通过的、电阻小的通道的。人体的电阻很小，如果人就在雷击中的物体附近，雷电电流就会在人头顶高度附近，将空气击穿，再经过人体泄放下来，使人遭受雷击。

旁侧闪击

跨步电压：当雷电从云中泄放到大地时，就会产生一个电位场。电位的分布是越靠近地面雷击点的地方电位越高，远离雷击点的电位就低。如果在雷击时，人的两脚站的地点电位不同，这种电位差在人的两脚间就产生电压，也就有电流通过人的下肢。两腿之间的距离越大，跨步电压也就越大。

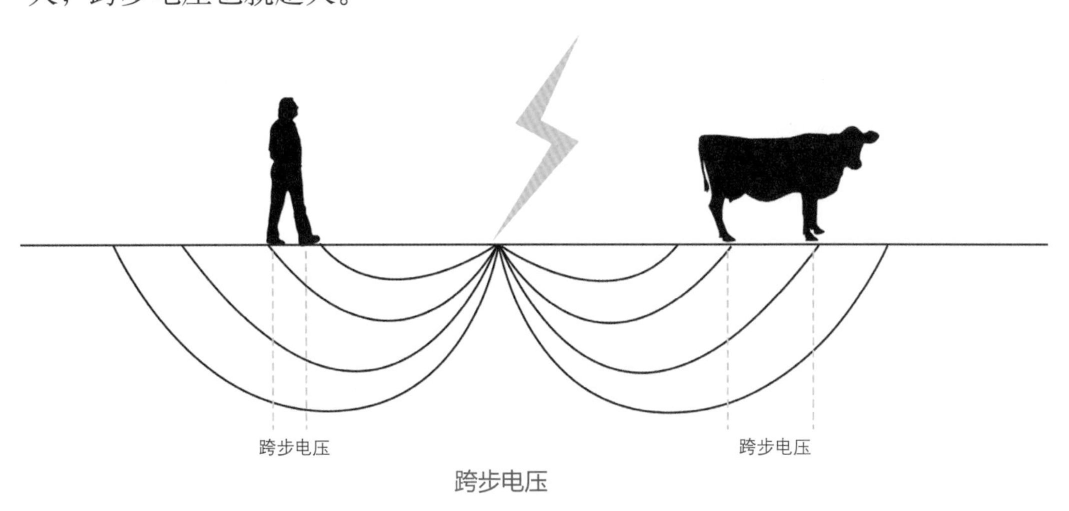

跨步电压

雷电预警信号

雷电预警信号分四级，分别以蓝色、黄色、橙色、红色表示。

雷电预警信号及标准

预警信号（图标）	标准
雷电 蓝 LIGHTNING 雷电蓝色预警信号	3小时内可能发生雷电活动，有可能出现雷电灾害
雷电 黄 LIGHTNING 雷电黄色预警信号	3小时内可能发生雷电活动，并伴有6级以上短时大风，或短时强降水，或小冰雹，出现雷电和大风灾害的可能性较大
雷电 橙 LIGHTNING 雷电橙色预警信号	3小时内可能发生较强雷电活动，并伴有8级以上短时大风，或短时强降水，或冰雹，出现雷电和大风灾害的可能性很大
雷电 红 LIGHTNING 雷电红色预警信号	3小时内可能发生强烈雷电活动，并伴有10级以上短时大风，或短时强降水，或冰雹，出现雷电和大风灾害的可能性非常大

如何防御雷电带来的危害

室外防雷

◆ 如果遇到打雷下雨，不要奔跑赶路，应迅速寻找并躲入有防雷设施保护的建筑物内，如果正在汽车里，要紧闭车门车窗，不要下车。

◆ 不要进入孤立的无防雷设施的建筑物内，不要停留在建筑物顶上。

◆ 远离高压电线和孤立的高楼、大树、旗杆、电线杆、烟囱等尖耸孤立的物体。不能躲在大树下避雨。

◆ 若身处旷野地带，可以找一块地势低洼的地方蹲下，双脚并拢身体前屈，临时躲避。

◆ 不要在空旷场地打雨伞，扛钓鱼竿、高尔夫球杆、旗杆、羽毛球拍等金属物体。

◆ 不要在水中游泳或水陆交界处从事其他水上作业或运动。

◆ 万一不幸发生雷击事件，同行者要及时报警求救。

室内防雷

◆ 不宜敞开门窗，尽量远离门窗、阳台和外墙壁（将门窗关闭，可以阻止球形闪电的进入）。

◆ 不宜使用太阳能淋浴设备，不要靠近或触摸任何金属管道。

◆ 不宜使用电气设备，如电视机、收音机、计算机、电话等，建议拔下所有的电源。

思考与实践

◆ 雷电除了会带来危害外还会带来一些好处，下列哪些说法是正确的？

A. 雷电发生时，空气中的氮和氧会经电离和化合作用而形成天然氮肥

B. 雷电能制造负氧离子，负氧离子可以起到消毒杀菌、净化空气的作用

C. 雷电的强大电位差使植物光合作用和呼吸作用增强

答案：ABC

◆ “避雷针”的原理是什么？

◆ 当遇到雷电天气时哪些做法是不对的？

A. 倚靠在金属栏杆上

B. 洗澡

C. 使用固定电话、电脑、电视等

D. 在大树下避雨

E. 在空旷地带停留

答案：ABCDE

第四节 冰雹

冰雹属于固态降水，是从积雨云中降落到地面的冰球或冰块，是我国主要的灾害性天气之一。由于冰雹云个体直径小，而且移动速度较快，所以降雹的范围比较小，一般宽度为几十米到几千米，长度为几百米到几十千米，所以民间有“雹打一条线”的说法。冰雹的降落常常砸毁大片农作物、果园，损坏建筑群，威胁人类安全，是一种严重的自然灾害，通常发生在夏季或春夏之交。

冰雹产生的原因

冰雹诞生在发展强盛的积雨云中，这种云称为冰雹云。

冰雹云由水滴、冰晶和雪花组成，一般分为 3 层，最下面一层温度在 0 ℃以上，由水滴组成；中间层温度为 −20 ～ 0 ℃，由过冷却水滴、冰晶和雪花组成；最上面一层温度在 −20 ℃以下，基本上由冰晶和雪花组成。

在冰雹云中，强烈的上升气流将云下部的水滴带到云的中上层，水滴便很快变冷，凝结成小冰晶。小冰晶在下降过程中，跟过冷水滴碰撞后，就在小冰晶身上冻结成一层不透明的冰核，这就形成了冰雹胚胎。由于冰雹云中气流升降变化很剧烈，冰雹胚胎也就这样一次又

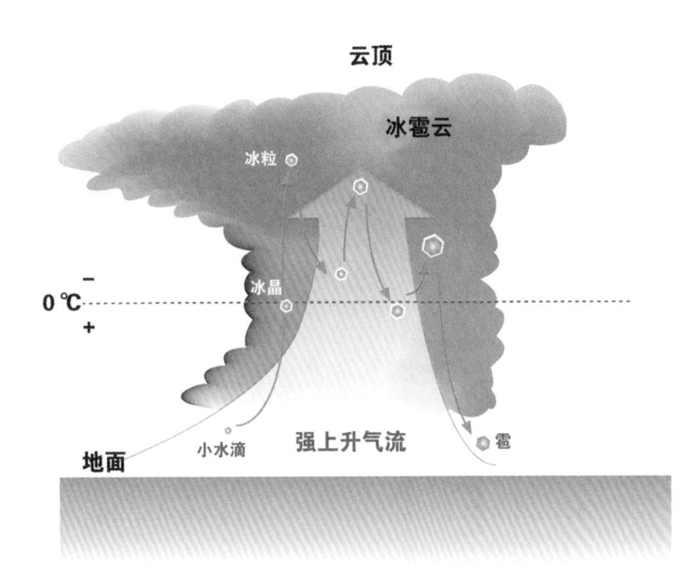

冰雹的形成

一次地在空中上下翻滚着，附着更多的过冷水滴，好像滚雪球一样，越滚越大。当大到云中上升气流托不住时，它就会从空中掉下来，成为百姓所说的“下雹子”了。冰雹云中气流非常强盛，不仅给冰雹云输送了足够的水汽，而且强烈的上升气流会支撑冰雹粒子在云中不断上下翻腾并增长，直到使小冰珠逐渐成为大冰雹，长到相当大才降落到地面。

冰雹的危害

冰雹会给农作物带来很大危害，严重时可造成农作物绝收。冰雹还会给交通运输、房屋建筑、工业、通信、电力以及人畜安全等造成不同程度的危害。特大的冰雹甚至会致人死亡、毁坏大片农田和树木、摧毁房屋建筑和车辆等，具有强大的杀伤力。

冰雹

冰雹预警信号

冰雹预警信号分三级，分别以黄色、橙色、红色表示。

冰雹预警信号及标准

预警信号（图标）	标准
冰雹 黄 HAIL 冰雹黄色预警信号	6小时内可能或已经在部分地区出现分散的冰雹，可能造成一定的损失
冰雹 橙 HAIL 冰雹橙色预警信号	6小时内可能出现冰雹天气，并可能造成雹灾

续表

预警信号（图标）	标准
冰雹红色预警信号	2 小时内出现冰雹可能性极大，并可能造成重雹灾

如何防御冰雹带来的危害

◆ 不要随意外出，户外人员应尽快到安全的地方躲避。

◆ 不要在高楼、广告牌、烟囱、电线杆或大树底下躲避冰雹，不要进入孤立棚屋、岗亭等建筑物，尽量找到一个坚固的地方躲避，尤其是在有雷电天气出现时。

◆ 关好门窗，妥善安置好易受冰雹大风影响的室外物品。在做好防雹准备的同时，也要做好防雷电的准备。

思考与实践

◆ 冰雹的主要特征有哪些？

◆ 搜集冰雹切片观察其内部结构，感知大自然的奇妙。

◆ 冰雹和雪花都是固态降水，为什么冰雹出现在夏季而雪花却出现在冬季？

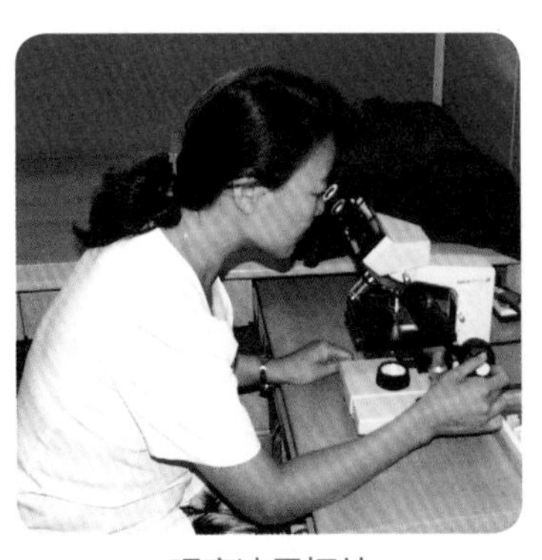

观察冰雹切片

第五节 龙卷

龙卷是从积雨云中伸下的猛烈旋转的漏斗状云柱，是大气中最强烈的涡旋现象，影响范围虽小，但破坏力极大。

龙卷多发生于5—9月，是强对流天气下的产物。龙卷发生的范围小，生消迅速，有时伴有雷电、大雨、冰雹。龙卷分为陆龙卷和海龙卷，出现在陆地上的称为陆龙卷，出现在海面上的称为海龙卷。

龙卷产生的原因

龙卷是在极不稳定的天气条件下，在强对流积雨云下形成的强烈的、小范围的空气涡旋。当涡旋向上发展时，上部是一块乌黑或者浓灰的积雨云，云顶越高，对流就越强，成熟后涡旋向下延伸、下垂，形如大象鼻子，落地后便形成龙卷，能够将地面上的物体旋转吸入空中。龙卷来得快，去得也快，尺度及影响范围非常小，直径一般在十几米到数百米之间，生存时间一般只有几分钟，最长也不超过数小时。

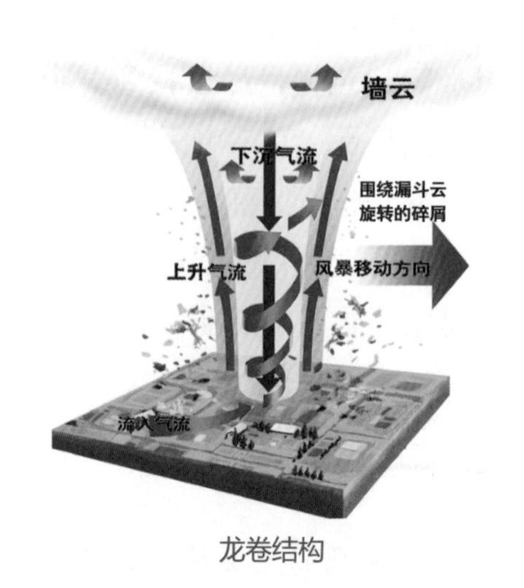

龙卷结构

龙卷的危害

龙卷产生的强烈旋风，风速可达32.7米/秒（风力12级）以上，最大可达100米/秒以上（远超18级风），破坏力极大。龙卷经过的地方，常常会造成庄稼、树木瞬间被毁，交通、通信中断，房屋倒塌，人畜伤亡等重大损失。

我国易发龙卷的省份

龙卷的发生一般是有一定的地域和季节特征的。在我国，它一般多发于长江中下游、鲁西南、豫东等平原地区，以及雷州半岛和湖沼区等。龙卷多出现在5—9月，大多发生在午后到傍晚。

龙卷过境后的村庄

2016年6月23日14时30分左右，江苏省盐城市阜宁县遭遇了强冰雹和龙卷双重灾害。截至6月26日9时，江苏盐城特别重大龙卷冰雹灾害共造成99人死亡，846人受伤。

知识百科

龙卷按它的破坏程度，分为0～5增强藤田级数，简单来说就称为“EF级”，1971年由芝加哥大学的藤田哲也博士提出。目前，我国使用的为改进型藤田级数，见表3-2。

表3-2 龙卷分级

等级	风速（米/秒）	潜在危害
EF0	29～38	轻微损坏。造成小面积（小于20%）的房屋建筑屋顶材料损坏并脱落，门窗上的玻璃被吹起的碎片打坏；房屋烟囱和电视天线受到一定程度损坏；吹倒根较浅的树木，折断树枝
EF1	39～49	中等损坏。屋顶严重脱落，窗户损坏，可移动房屋倾覆或者严重损毁。部分树木被连根吹起或者折断，行进中的汽车被吹出道路
EF2	50～60	相当大的损坏。屋顶被撕裂，只剩较为结实的承重墙，地基移动；乡村地区较脆弱的建筑被摧毁；可移动房屋被毁；汽车被吹出公路以外；火车车厢被吹倒；大量树木被连根掀起或折断；较轻的物体残骸被吹在空中

续表

等级	风速（米/秒）	潜在危害
EF3	61～73	严重损坏。房屋各层尽毁，屋顶及部分墙面脱离房屋；一些乡村地区的建筑被完全损毁；火车翻车；钢架结构的仓库型建筑被损毁，汽车被抬离路面，大型建筑物损毁严重，森林里大部分树木被连根掀起或折断
EF4	74～89	极端损坏。整个房屋被夷为平地，只剩部分残骸；钢铁建筑被严重损坏；树木被吹起的残片击中撕裂；汽车、火车以及其他大型物体被掀翻或抛出很大一段距离；大量物体残骸被吹在空中
EF5	≥90	全部损坏。整个房屋被刮走，脱离地基；钢筋混凝土加固结构的建筑被严重损毁；汽车等大型物体被抛在空中；高层建筑倒塌；产生大量难以置信的现象

如何防御龙卷带来的危害

◆ 在室内，务必远离门、窗和房屋的外围墙壁，躲到小房间内抱头蹲下。躲避龙卷最安全的地方是地下室或半地下室。

◆ 在户外遇龙卷时，应迅速向龙卷前进的相反方向或垂直方向逃离，伏于低洼地面，要远离大树、电线杆，以免被砸、被压或触电。

思考与实践

◆ 从水平尺度、影响范围、持续时间以及破坏程度等几个方面谈一谈龙卷与大风的区别。

第六节 台 风

台风是热带气旋的一种，当热带气旋中心附近最大风力达 12 ~ 13 级（即风速达 32.7 ~ 41.4 米 / 秒）时称为台风（typhoon，生成于太平洋上）或飓风（hurricane，生成于大西洋上）。

按照热带气旋底层中心附近最大风力（风速），将其分为 6 个等级：热带低压、热带风暴、强热带风暴、台风、强台风和超强台风。自 1989 年起，我国采用国际热带气旋名称和等级划分标准，并将风力为 12 级及以上的统称为台风。

知识百科

热带气旋 指发生在热带或副热带洋面上的气旋性大气涡旋，是地球物理环境中最具破坏性的天气系统之一。

台风产生的原因

在海洋表面温度超过 26 ℃的热带或副热带海洋上，由于接近洋面上空的气温高，大量空气膨胀上升，使此处气压降低，外围空气源源不断地补充流入到上升区。在地转偏向力的作用下，流入的空气旋转起来。

近洋面的大量空气膨胀上升

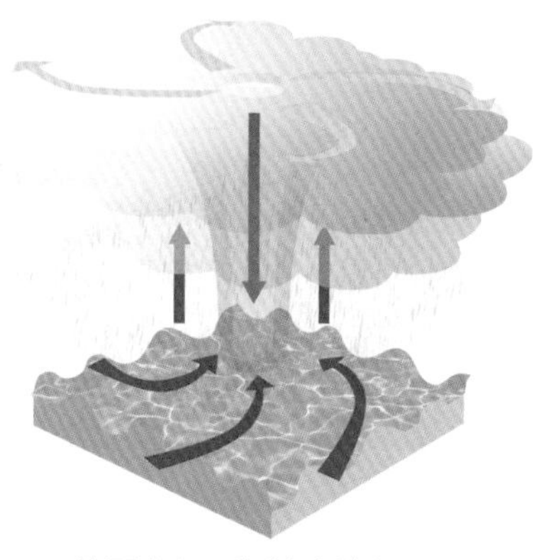
外围空气不断补充流入

而上升空气膨胀变冷，其中的水汽冷却凝结形成水滴时，要放出热量，又促使低层空气不断上升。因此，位于洋面附近的气压下降得更低，空气旋转得更加猛烈，这就是热带气旋，随着这个热带气旋不断加强，就可能形成台风。

台风的危害

台风通常在以下 3 方面造成危害。

一是狂风。台风带来的大风及其引起的海浪可以把万吨巨轮抛向半空拦腰折断，或把巨轮推入内陆；同时还会损坏甚至摧毁陆地上的建筑、桥梁、车辆等，特别是会对一些没有被加固的建筑物造成大的破坏，给人民的生命财产带来极大的危害。

二是暴雨。台风登陆后可以带来 100 ～ 300 毫米，甚至 500 ～ 800 毫米的大暴雨。台风带来的暴雨极易引发城市内涝、房屋倒塌、山洪、泥石流等次生灾害。

三是风暴潮。当台风移向陆地时，海水向海岸方向强力堆积，潮位猛涨。强台风的风暴潮能使沿海水位上升 5 ～ 6 米。如果风暴潮与天文大潮高潮位相遇，能产生高频率的潮位，将会导致潮水漫溢，海堤溃决，冲毁房屋和各类建筑设施，淹没城镇和农田，造成大量人员伤亡和财产损失。

我国容易遭受台风影响的地区

根据我国 50 年台风资料统计，在一年中台风经过我国海南岛东南海域的次数最多。沿海各省（自治区、直辖市）中，海南、广西、广东遭遇台风的次数最多，沿东海岸向北，台湾、福建、浙江、上海、江苏、山东、辽宁等省（直辖市），遭遇台风的次数依次减少，同时，由沿海向内陆，遭遇台风的次数也是减少的。我国仅青海、甘肃、西藏、新疆 4 个省（自治区）不受台风影响。

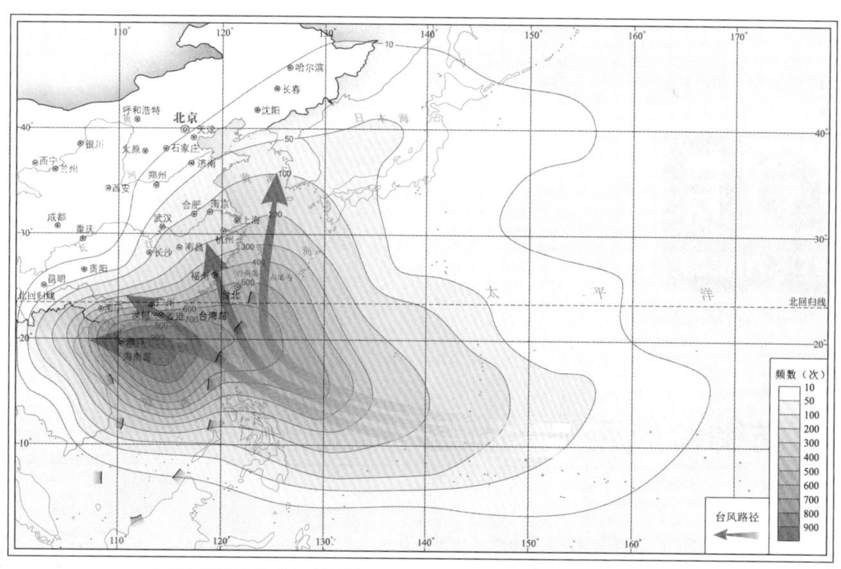

影响我国的台风频数（1981—2010 年）及主要路径
（图片引自国家气候中心《中国灾害性天气气候图集（1961—2015 年）》）

台风预警信号

台风预警信号分四级，分别以蓝色、黄色、橙色、红色表示。

台风预警信号及标准

预警信号（图标）	标准
台风 蓝 TYPHOON 台风蓝色预警信号	24 小时内可能或者已经受热带气旋影响，平均风力达 6 级以上，或者阵风 8 级以上并可能持续
台风 黄 TYPHOON 台风黄色预警信号	24 小时内可能或者已经受热带气旋影响，平均风力达 8 级以上，或者阵风 10 级以上并可能持续
台风 橙 TYPHOON 台风橙色预警信号	12 小时内可能或者已经受热带气旋影响，平均风力达 10 级以上，或者阵风 12 级以上并可能持续

续表

预警信号（图标）	标准
台风红色预警信号	6 小时内可能或者已经受热带气旋影响，平均风力达 12 级以上，或者阵风达 14 级以上并可能持续

如何防御台风带来的危害

◆ 台风来临时应停止一切户外活动，做好自我防护，在室内应关好门窗。适当储备食物、饮用水、常用药品等。

◆ 妥善安置易受风雨影响的室外物品，避免高空坠物。检查电路、燃气、火源，确保安全。

◆ 行人应立即到室内躲避，避免在广告牌、铁塔、大树下或其附近停留。

◆ 及时获取台风预警信息，不去台风可能经过的地区旅游。

思考与实践

◆ 台风为什么产生在热带海洋上？

◆ 为什么台风登陆的地方会引起风暴潮？

◆ 请同学们查找最近一次登陆我国的台风信息，如台风名称、登陆地点、登陆时间，以及其带来哪些影响。

第四章 秋季常见的气象灾害及其防御

秋季是一年中的黄金季节，秋高气爽、月明风清、丹桂飘香、霜露雁行。秋季是由炎热夏季向寒冷冬季转换的过渡季节，在我国北方，秋季一般比较短暂。“白露秋分夜，一夜凉一夜”。秋季的特点是白天渐短、黑夜渐长，昼夜温差明显，冷空气活动明显增多，气温下降迅速。秋季常见的气象灾害有大雾、霾和霜冻。

第一节 大雾

雾是由悬浮在贴近地面大气中的大量微小水滴（或冰晶）组成，垂直厚度有几十米到上千米。预报上按水平能见度，可分为轻雾（1～10千米）、大雾（500～1000米）、浓雾（200～500米）、强浓雾（50～200米）和特强浓雾（小于50米）。

大雾笼罩下的高速公路

雾产生的原因

形成雾的气象条件有三个：一是水汽充足，即大气中的水汽含量达到90%以上，并且伴有冷凝现象，从而产生雾滴；二是近地面层空气形成下冷上暖的稳定层，空气流动性差；三是风力较小。因此，雾一般出现在晴朗、微风、近地面层水汽比较充沛而且大气相对稳定的夜间或清晨。

大雾中的城市街道

大雾的危害

对交通的危害：大雾使能见度严重下降从而导致机场关闭、高速公路无法正常通行、车辆行驶缓慢、轮船停航、火车晚点，同时还容易引发各类交通事故。

对供电线路的危害：如果连续数天浓雾不散，空气湿度大，可致高压供电线路因“污闪”[①] 发生短路和变压器故障，引发掉闸停电事故。

对人体健康的危害：大雾笼罩加重了空气污染，会影响老人、儿童和体弱者的健康，此外还会导致或加重呼吸道及心血管疾病的发生。

大雾预警信号

大雾预警信号分三级，分别以黄色、橙色、红色表示。

大雾预警信号及标准

预警信号（图标）	标准
大雾 黄 HEAVY FOG 大雾黄色预警信号	12 小时可能出现浓雾天气，能见度小于 500 米；或者已经出现能见度小于 500 米、大于或等于 200 米的雾并可能持续
大雾 橙 HEAVY FOG 大雾橙色预警信号	6 小时可能出现浓雾天气，能见度小于 200 米；或者已经出现能见度小于 200 米、大于或等于 50 米的雾并可能持续
大雾 红 HEAVY FOG 大雾红色预警信号	2 小时可能出现强浓雾天气，能见度小于 50 米；或者已经出现能见度小于 50 米的雾并可能持续

① 污闪是指电气设备绝缘表面附着的污秽物在潮湿条件下，其绝缘子的绝缘水平大大降低，在电场作用下出现的强烈放电现象。

如何防御大雾带来的危害

◆ 雾天空气质量差，不宜晨练。老人、儿童和有心肺疾病的人在大雾天不要外出。

◆ 雾天外出应戴上口罩，防止吸入有害气体。

◆ 雾天外出应注意交通安全。驾车出行时应及时开启雾灯，减速慢行，保持车距。

思考与实践

◆ 想一想：雾的形成条件有哪些？

第二节 霾

霾是由大量微小尘粒、烟粒等干性颗粒物均匀地悬浮在近地面大气中，使空气混浊、水平能见度小于10千米的天气现象。有的地方称为“灰霾”“烟霾”。

霾产生的原因

霾的形成有三方面因素：一是水平方向静风现象的增多，不利于大气污染物向城区外围扩散稀释，并容易在城区内积累高浓度污染；二是垂直方向出现逆温现象，导致污染物停留，不能及时排放出去；三是悬浮颗粒物的增多，直接导致了能见度降低，使得整个城市看起来灰蒙蒙一片。当逆温、静风等不利于扩散的天气出现时，就易形成霾。

被霾笼罩的城市

北京霾发生的重要环境因素

特殊地形导致的气流停滞与污染物水平输送是北京霾发生的重要环境因素。环北京地区的太行山和燕山呈弧形分布，不仅使山前暖区空气流动性较差、污染物和水汽容易聚集，同时也迫使低层偏南风在燕山前回流并产生上升运动（图4-1左中红色虚线），从而有利于霾的形成。由于受太行山的阻挡和背风坡气流下沉作用的影响，使得沿北京、保定、石家庄、邢台和邯郸一线的污染物不易扩散，形成一条西南—东北走向的高污染带，山西省的高浓度污染物亦在低空偏南气流输送下沿洋河河谷和桑干河河谷向北京输送。大部分霾过程中污染物高浓度区具有自南向北先后出现的特点，体现出了污染物区域输送对霾过程的影响。

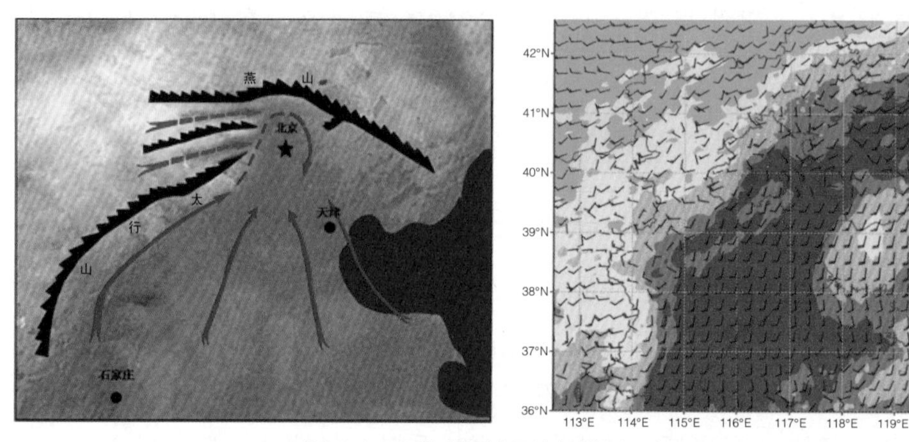

图 4-1　环北京近地面流场模型（左）和
2015 年 10 月 24 日一次区域霾过程中数值模拟的细颗粒物（$PM_{2.5}$）浓度与地面风场（右）

北京地区霾形成的环境气象因素

在北京地区，霾形成的根本原因是人为排放导致细颗粒物（$PM_{2.5}$）大量增加。它既包括人为活动直接排放的细颗粒物，也包括排放在空气中能够转变成细颗粒物的其他气体污染物（NO_x、SO_2、VOCs 等）。这些粒子通过对光的散射和吸收作用，使得能见度降低。北京细颗粒物污染来源可主要归为燃煤、燃油以及与经济活动和居民日常活动有关的溶剂排放等。

高湿、逆温（等温）是北京霾发生的关键气象条件。1000 米高度以下空气接近饱和是冬、夏两季雾和霾形成的关键条件。北京即使在干燥的冬季，当霾发生时近地面层的温度露点差也只有 4 ℃，空气接近饱和；而非霾日湿度却非常小。这种高湿条件有利于雾的发生以及气溶胶吸湿增长形成湿霾。逆温层（等温层）犹如一个“盖子”，阻止了空气的上下交换，从而将湿空气和污染物聚集在地面附近，促进了霾的形成。

2013年1月，北京出现长达26天的雾、霾天气，为1954年以来历史同期最多的年份。特别是有4次持续超过4天的雾、霾天气过程，是从1980年以来记录持续雾、霾天气过程最多和持续时间最长的一年。

知识百科

露点温度 指空气在水汽含量和气压都不改变的条件下，冷却到饱和时的温度。形象地说，就是空气中的水蒸气变为露珠时的环境温度。

温度露点差 指温度与露点温度的差值，是用来衡量湿度的参量。温度露点差越大，表示湿度越小；温度露点差越小，表示湿度越大；当温度露点差近于0℃时，表示空气中的水汽达到近似饱和的状态。

逆温层 逆温是指高空的气温比低空气温更高的现象。发生逆温的大气层称为逆温层，厚度可从几十米到几百米。

气溶胶 悬浮在大气中的固态粒子或液态小滴物质的统称。

霾的危害

对健康的危害：霾出现时，严重影响人体健康，并导致呼吸道疾病等多种疾病的发生。长期处于这种空气污染环境，可能诱发肺癌。持续多日的霾天气，容易使人呼吸不畅、精神萎靡、心情烦闷。

对交通的危害：霾天气下的低能见度会影响公路、铁路和民航等交通安全，尤其是使城市交通事故多发，出现严重拥堵。

对供电线路的危害：空气潮湿加上细颗粒物沉积，也会影响城市供电线路安全。

对农作物的危害：霾天气持续多日，大大消减植物光合作用，且细颗粒物沉积于植物叶面，会对农作物（蔬菜和水果）生长产生较大不良影响。

雾和霾的区分

雾和霾是自然界的两种不同的天气现象。但雾和霾常常相伴出现，并可相互转化。根据气象学的定义，凡是大气中因悬浮的云雾滴（即水滴）导致的水平能见度小于 1 千米的天气现象称为雾；霾则是大量极细微的干尘粒等均匀地浮游在空中，使水平能见度小于 10 千米的空气普遍混浊现象。一般说来，在雾和霾现象中，当空气相对湿度大于 90% 时，以雾为主导；当空气湿度低于 80% 时，以霾为主导。雾通常呈乳白色，范围较小，边缘清晰；而霾通常呈黄色或橙灰色，范围较大，无明显的边界。

雾和霾有密切的联系，大气中形成霾的微小颗粒物可以是形成雾的凝结核。霾在大气相对湿度从不饱合向饱和变化的过程中，一部分就变成了雾滴，污染物溶在雾滴里面了。大气相对湿度从饱和向不饱和变化的过程中，雾滴蒸发，形成霾的微小颗粒物就再次悬浮于在大气中了。因此，雾和霾在一定条件下是可以转化的。

霾预警信号

霾预警信号分三级，以黄色、橙色和红色表示。

霾预警信号及标准

预警信号（图标）	标准
霾黄色预警信号	预计未来 24 小时内可能出现下列条件之一或实况已达到下列条件之一并可能持续： （1）能见度小于 3000 米且相对湿度小于 80% 的霾 （2）能见度小于 3000 米且相对湿度大于或等于 80%，$PM_{2.5}$ 浓度大于 115 微克 / 米 ^{3} 且小于或等于 150 微克 / 米 ^{3} （3）能见度小于 5000 米，$PM_{2.5}$ 浓度大于 150 微克 / 米 ^{3} 且小于或等于 250 微克 / 米 ^{3}

续表

预警信号（图标）	标准
霾橙色预警信号	预计未来 24 小时内可能出现下列条件之一或实况已达到下列条件之一并可能持续： （1）能见度小于 2000 米且相对湿度小于 80% 的霾 （2）能见度小于 2000 米且相对湿度大于或等于 80%，$PM_{2.5}$ 浓度大于 150 微克 / 米^3 且小于或等于 250 微克 / 米^3 （3）能见度小于 5000 米，$PM_{2.5}$ 浓度大于 250 微克 / 米^3 且小于或等于 500 微克 / 米^3
霾红色预警信号	预计未来 24 小时内可能出现下列条件之一或实况已达到下列条件之一并可能持续： （1）能见度小于 1000 米且相对湿度小于 80% 的霾 （2）能见度小于 1000 米且相对湿度大于或等于 80%，$PM_{2.5}$ 浓度大于 250 微克 / 米^3 且小于或等于 500 微克 / 米^3 （3）能见度小于 5000 米，$PM_{2.5}$ 浓度大于 500 微克 / 米^3

如何防御霾带来的危害

◆ 减少或停止户外活动，关闭房屋门窗；老人、儿童及患有呼吸系统疾病的易感人群应留在室内。

◆ 外出时戴上专用防护口罩，尽量乘坐公共交通工具出行；外出归来，应及时清洗面部、鼻腔及裸露皮肤。

思考与实践

◆ 霾和大雾的区别有哪些？

A. 能见度不同

B. 相对湿度不同

C. 出现在一天中的时间不同

答案：ABC

◆ 下列哪种说法是错误的？

A. 霾的相对湿度比雾要大

B. 霾的水平能见度小于 1 千米

C. 霾的日变化特征不明显

答案：AB

第三节 霜冻

霜冻是一种农业气象灾害，指空气温度突然下降，地表温度骤降到 0 ℃以下，使农作物受到损害，甚至死亡的现象。霜冻在秋、冬、春 3 个季节都会出现，每年秋季第一次出现的霜冻叫初霜冻，次年春季最后一次出现的霜冻叫终霜冻。

霜冻与霜在概念上是不一样的。霜是近地面空气中水汽达到饱和且地表温度低于 0 ℃时，在物体上直接凝华而成的白色冰晶。霜冻与作物受害联系在一起，是一种气象灾害；而霜仅仅是一种天气现象。

当有霜出现时，作物不一定会受到霜冻的危害；如果空气中的水汽含量较少，发生霜冻时也不一定会有霜的出现。

霜

霜冻

知识百科

地表温度 指地表面与空气交界处的温度。可用地面温度表进行测量。地表温度主要取决于入射太阳辐射的强度，同时还与气温、地表材质以及土壤含水量、表面光泽和植被的疏密等有关。

霜冻产生的原因

霜冻的产生一般分为以下三种情况。

平流霜冻，是由于北方强冷空气入侵导致空气温度下降而形成的霜冻，常见于长江以北地区的早春和晚秋，以及华南和西南地区的冬季。

辐射霜冻，是指在晴朗微风的夜晚，地面和作物表面因强烈辐射降温而形成的霜冻。

混合霜冻，是由于北方强冷空气入侵导致气温急降，风停后的夜间天空晴朗，辐射散热强烈，气温再次下降而形成的霜冻。

辐射霜冻

知识百科

冷空气 影响我国天气的重要天气系统之一。冷空气和暖空气是从气温水平方向的差别来定义的，位于低温区的空气称为冷空气。

霜冻的危害

霜冻主要是对植物和农作物产生危害。

霜冻的危害在“冻”而不在霜，由于霜冻时温度降到 0 ℃以下，植物细胞内和细胞间隙中的水分就会发生结冰现象，因而造成水分流失而增加植物细胞内部的盐分浓度，使蛋白质沉淀，因结冰和冰晶的增大又使细胞受到机械压迫，而使其受到损伤或死亡。

霜冻对农作物的危害，主要是对秋收作物（如玉米、棉花、大豆）在成熟前影响比较大，作物叶片最先受到伤害，作物的养料主要通过叶片的光合作用而产生，受冻后的叶片变得枯黄，影响植株的光合作用，产生的营养物质减少。由于养料减少，作物生长缓慢，品质降低，造成减产。

霜冻预警信号

霜冻预警信号分三级，分别以蓝色、黄色、橙色表示。

霜冻预警信号及标准

预警信号（图标）	标准
霜冻 蓝 FROST 霜冻蓝色预警信号	48 小时地面最低温度将要下降到 0 ℃以下，对农业将产生影响，或者已经降到 0 ℃以下，对农业已经产生影响，并可能持续
霜冻 黄 FROST 霜冻黄色预警信号	24 小时地面最低温度将要下降到 −3 ℃以下，对农业将产生严重影响，或者已经降到 −3 ℃以下，对农业已经产生严重影响，并可能持续
霜冻 橙 FROST 霜冻橙色预警信号	24 小时地面最低温度将要下降到 −5 ℃以下，对农业将产生严重影响，或者已经降到 −5 ℃以下，对农业已经产生严重影响，并将持续

如何防御霜冻带来的危害

霜冻是由低温造成的农业灾害之一，所以霜冻防御的本质是防止作物自身及环境的温度降得过低。常用的方法包括覆盖、灌溉等。

◆ 覆盖保温：在农作物上方覆盖草帘、席子等，阻止地面辐射降温。

◆ 灌溉喷雾：利用水凝结释放潜热的物理原理，阻止气温降低。

思考与实践

◆ 借助显微镜观察植物或作物受霜冻危害时叶片细胞的变化。

◆ 拍摄植物或作物受冻害影响的照片，并记录拍摄当天的天气情况，积累照片并进行对比。

◆ 想一想：霜冻来临前，哪些措施能够尽量减少植物和作物受灾？

第五章

冬季常见的气象灾害及其防御

“霜严衣带断，指直不得结”说的是酷霜严寒的季节，寒霜满身，断了衣带，本想把它接起来，但指头儿已冻僵，打不上结。走过充满诗意的秋季，迎来了寒冷的冬季。民间习惯以“立冬”为冬季的开始。其实，我国幅员辽阔，除全年无冬的华南沿海和长冬无夏的青藏高原地区外，各地的冬季并不是同时开始的。我国以温带大陆性季风气候为主，地理位置原因易受西伯利亚冷空气影响，所以冬季寒冷干燥，东北地区冬季漫长，严寒多积雪。漠河为我国的“寒极”。冬季常见的气象灾害有暴雪、寒潮、道路结冰、持续低温及电线积冰。

第一节 暴雪

暴雪是因为长时间大量降雪造成大范围积雪的一种天气现象，是指日（24小时内）降雪量大于或等于10毫米或积雪深度达到或超过8厘米的降雪过程。暴雪按降水强度大小又分为3个等级：暴雪、大暴雪和特大暴雪，具体划分标准见表5-1。

表5-1 降雪量等级划分

24小时降雪量（毫米）	＜0.1	0.1～2.4	2.5～4.9	5.0～9.9	10.0～19.9	20.0～29.9	≥30.0
等级	微量降雪（零星小雪）	小雪	中雪	大雪	暴雪	大暴雪	特大暴雪

注：降雪量为积雪融化后的水量。

雪是由冰晶聚合而成的大气固态降水中的一种形式。大气固态降水是多种多样的，除了雪以外，还包括冰雹和我们不经常见到的米雪、霰（xiàn）和冰粒。冬季，我国许多地区的降水是以雪的形式出现的。

汽车上的积雪

积雪中飘落的树叶

暴雪产生的原因

除一般降水需要具备的条件外，要产生暴雪，还需具备足够低的温度。首先是云内温度较低，能形成足够大的雪粒或雪花脱离云体。其次是空中及地面温度较低，保证雪在飘落的过程中不会融化，能以雪粒或雪花的形态落到地面。最后，当降雪持续了足够长的时间，且降雪量达到了一定程度，便形成了暴雪。

暴雪的危害

对交通出行的危害：暴雪会掩埋道路、中断交通，从而造成火车晚点、高速公路封闭、航班延误或取消，导致大批旅客滞留。暴雪还会造成道路积冰，致使交通事故多发和行人跌倒或摔伤。

对农业的危害：暴雪往往伴随着降温，会使农作物受到冻害影响，从而导致农作物减产。暴雪还会损坏大棚薄膜，严重时会压垮大棚，导致大棚里面的农作物受损。

对畜牧业的危害：暴雪会掩盖牧区草场，当积雪超过一定深度时，牲畜难以扒开雪层吃草，造成饥饿，甚至死亡。

对生产、生活的危害：暴雪会压断通信、输电线路，致使通信和电力传输中断。暴雪还会压断树枝、压垮不牢固的建筑物，危害人民生命财产安全。

暴雪影响交通

迎着暴雪上班的市民

暴雪预警信号

暴雪预警分四级，分别以蓝色、黄色、橙色、红色表示。

暴雪预警信号及标准

预警信号（图标）	标准
暴雪 蓝 SNOW STORM 暴雪蓝色预警信号	12 小时降雪量将达 4 毫米以上，或者已达 4 毫米且降雪可能持续，对交通及农业可能有影响
暴雪 黄 SNOW STORM 暴雪黄色预警信号	12 小时降雪量将达 6 毫米以上，或者已达 6 毫米且降雪可能持续
暴雪 橙 SNOW STORM 暴雪橙色预警信号	6 小时降雪量将达 10 毫米以上，或者已达 10 毫米且降雪可能持续
暴雪 红 SNOW STORM 暴雪红色预警信号	6 小时降雪量将达 15 毫米以上，或者已达 15 毫米且降雪可能持续

如何防御暴雪带来的危害

◆ 外出时要少骑或不骑自行车，出行不穿硬底、光滑底的鞋；老、弱、病、幼减少出行，外出时必须有人陪护。

◆ 尽量不要待在危房以及结构不安全的房子中，避免屋塌伤人。

◆ 减少驾车出行，必须出行时应装好轮胎防滑链减速慢行、保持车距。

◆ 机场、高速公路可能会停航或封闭，出行前应注意查询路况与航班信息。

思考与实践

◆ 测一测：在一次降雪天气过后测量校内和居住地附近的积雪深度。

◆ 说一说：暴雪给农业带来的影响和可行的防范措施。

◆ 用显微镜观察雪花的形状是否都一样？画出雪花的形状，探究雪水的成分。

第二节 寒潮

寒潮是一种大规模的强冷空气活动过程。来自高纬度地区的寒冷空气，在特定的天气形势下迅速加强并向中低纬度地区侵入，给沿途地区带来剧烈降温、大风和雨雪天气，这种冷空气南侵达到一定标准时就称为寒潮。

寒潮在气象学上有严格标准，《寒潮等级》（GB/T 21987—2017）中规定：凡一次冷空气侵入后，使某地的日最低气温 24 小时内降温幅度大于或等于 8 ℃，或 48 小时内降温幅度大于或等于 10 ℃，或 72 小时内降温幅度大于或等于 12 ℃，而且使该地日最低气温下降到 4 ℃或以下时，则该次冷空气活动称为寒潮。

若冷空气达不到这个标准，根据降温幅度的大小，又可划分为强冷空气、较强冷空气、中等强度冷空气和弱冷空气活动过程。

寒潮产生的原因

位于高纬度的北极地区和西伯利亚、蒙古高原一带，地面常年接收太阳光的热量很少。尤其是到了冬季，太阳直射点南移，北半球太阳光照射的角度越来越小，因此，地面吸收的太阳光热量也越来越少，地表面的温度变得很低。在冬季，北冰洋地区的气温经常在 −20 ℃以下，最低时可到 −70 ～ −60 ℃。

由于北极和西伯利亚一带的气温很低，大气的密度就大，空气不断收缩下沉，使气压升高，这样，便形成一个势力强大、深厚宽广的冷高压气团。当这个冷性高压势力增强到一定程度时，在适合的大气环流形势下就会向南入侵，像决了堤的海潮一样，一泻千里，汹涌澎湃地向低纬度地区袭来，这就是寒潮。

寒潮的危害

对农业的危害：寒潮天气对农业的影响最大，其带来的降温幅度可以达到 10 ℃甚至 20 ℃以上，通常超过了农作物的耐寒能力，造成农作物发生冻害。

对交通的危害：寒潮伴随的大风、雨、雪和降温天气会造成低能见度、地表结冰和路面积雪等现象，对公路、铁路交通、民航和海上作业安全带来较大的威胁，严重影响人们的生产、生活。

对航海航运的危害：寒潮还会影响航海航运。寒潮大风到达海上时，由于海面摩擦因数小，风力加大，因此海上的航运常常被迫停止，船只需进港避险。另外，寒潮大风可以制造海上风暴潮，形成数米高的巨浪，对海上船只造成毁灭性的破坏。

对健康的危害：寒潮来袭时对人体健康危害很大，大风降温天气容易引发感冒、气管炎、冠心病、肺病、中风、哮喘、心肌梗塞、心绞痛、偏头痛等疾病，有时还会使患者的病情加重。

寒潮预警信号

寒潮预警信号分四级，分别以蓝色、黄色、橙色、红色表示。

寒潮预警信号及标准

预警信号（图标）	标准
℃ 寒潮 蓝 COLD WAVE 寒潮蓝色预警信号	48 小时最低气温将要下降 8 ℃以上，最低气温小于或等于 4 ℃，陆地平均风力可达 5 级以上；或者已经下降 8 ℃以上，最低气温小于或等于 4 ℃，平均风力达 5 级以上，并可能持续
℃ 寒潮 黄 COLD WAVE 寒潮黄色预警信号	24 小时最低气温将要下降 10 ℃以上，最低气温小于或等于 4 ℃,陆地平均风力可达 6 级以上；或者已经下降 10 ℃以上，最低气温小于或等于 4 ℃，平均风力达 6 级以上，并可能持续
℃ 寒潮 橙 COLD WAVE 寒潮橙色预警信号	24 小时最低气温将要下降 12 ℃以上，最低气温小于或等于 0 ℃,陆地平均风力可达 6 级以上；或者已经下降 12 ℃以上，最低气温小于或等于 0 ℃，平均风力达 6 级以上，并可能持续
℃ 寒潮 红 COLD WAVE 寒潮红色预警信号	24 小时最低气温将要下降 16 ℃以上，最低气温小于或等于 0 ℃,陆地平均风力可达 6 级以上；或者已经下降 16 ℃以上，最低气温小于或等于 0 ℃，平均风力达 6 级以上，并可能持续

如何防御寒潮带来的危害

寒潮暴发在不同地域环境具有不同的特点，在西北沙漠和黄土高原，表现为大风少雪，极易引发沙尘暴天气；在内蒙古草原则为大风、吹雪和低温天气；在华北、黄淮地区，寒潮袭来常常风雪交加；在东北地区表现为更猛

烈的大风、大雪，降雪量为全国之冠；在江南常伴随着寒风苦雨。所以，在防御方面也应根据不同的特点和伴随的灾害采取不同的措施。

◆ 注意添衣保暖，做好对大风降温天气的防御准备；出行时注意戴上帽子、围巾和手套。

◆ 尽量远离施工工地，不要在高大建筑物、广告牌或大树下停留。

◆ 老、弱、病人，特别是心血管病人、哮喘病人等对气温变化敏感的人群尽量不要外出。

◆ 采用煤炉取暖的家庭要注意保持房间通风，防止一氧化碳中毒。

思考与实践

◆ 想一想：寒潮除了会给我们带来灾害外，还会给我们带来哪些好处？

第三节　道路结冰

道路结冰是指降水碰到温度低于 0 ℃的地面而出现的积雪或结冰现象。道路结冰分为两种情况，一种是降雪（或降雨）后立即冻结在路面上形成道路结冰；另一种是在积雪融化后，由于气温降低而在路面结冰。

雪后的道路结冰

道路结冰产生的原因

道路结冰容易发生在 11 月至次年 4 月（即冬季和早春）。冬季，我国北方地区经常受到冷空气影响，当部分地区出现降雪天气过程，持续时间短，降雪量不大时，由于白天气温较高，融化的积雪加上夜间降雪或降温，就容易出现道路结冰的现象。

我国南方地区，降雪一般为“湿雪”，往往属于 0 ～ 4 ℃的混合态水，落地便成冰水浆糊状，一到夜间气温下降，就会凝固成大片冰块，只要当地冬季最低温度低于 0 ℃，就有可能出现道路结冰现象。

道路结冰的危害

出现道路结冰时，由于行驶的车轮与路面摩擦系数减小，容易导致车辆打滑或刹车失灵，从而引发交通事故，导致交通拥堵；道路结冰还会使航班取消或机场关闭；此外行人在结冰的路面上行走时极易滑倒、摔伤。

学生放学时因路面结冰而滑到

因路面结冰车辆缓慢行驶

道路结冰预警信号

道路结冰预警信号分三级，分别以黄色、橙色、红色表示。

道路结冰预警信号及标准

预警信号（图标）	标准
道路结冰 黄 ROAD ICING 道路结冰黄色预警信号	当路表温度低于 0 ℃，出现雨雪，24 小时内可能出现道路结冰，对交通有影响

续表

预警信号（图标）	标准
道路结冰橙色预警信号	当路表温度低于 0 ℃，出现冻雨或雨雪，6 小时内可能出现道路结冰，对交通有较大影响
道路结冰红色预警信号	当路表温度低于 0 ℃，出现冻雨或雨雪，2 小时内可能出现或者已经出现道路结冰，对交通有很大影响

如何防御道路结冰带来的危害

◆ 外出尽量乘坐公共交通工具，少骑自行车或电动车，注意远离、避让车辆。

◆ 减少驾车出行，必须出行时应减速慢行、保持车距。

◆ 机场、高速公路可能会停航或封闭，出行前应注意查询路况与航班信息。

◆ 不要在结冰的操场或空地上玩耍。

第四节 持续低温

持续低温是低温冷害的一种类型，指农作物在生长期间遭受低于其生长发育所需的环境温度，引起农作物生育期延迟，或使其生殖器官的生理机能受到损害，导致农作物减产的天气过程。

持续低温产生的原因

持续低温的产生，是因本地区有一个冷高压的存在，地面冷空气不断堆积，在持续寒冷的过程中大陆冷高压表现为范围广、强度强、持续时间长，再配以稳定的大气环流异常形势的组合，导致气温持续异常偏低。

持续低温的危害

持续低温不仅会导致农作物减产，还会对人体的生理机能造成严重影响。人体在低温环境中由于机体散热加快，可引起身体各系统一系列的生理变化，严重时可造成局部性或全身性损伤，如冻伤或冻僵，甚至引起死亡。

人体在低温环境中的活动能力会随着温度的下降而明显下降。如手部皮肤温度降到 15.5 ℃时，操作功能开始受影响；降到 10 ～ 12 ℃时触觉明显减弱；降到 8 ℃时，触觉敏感性变差；降到 4 ～ 5 ℃时几乎完全失去触觉和知觉。即使未导致体温过低，冷暴露对脑功能也有一定影响，使注意力不集中、反应时间延长、作业失误率升高，甚至产生幻觉。此外，持续低温对心血管系统、呼吸系统也有一定影响。

持续低温预警信号

持续低温预警信号分二级，分别以蓝色、黄色表示。

持续低温预警信号及标准

预警信号（图标）	标准
℃ 持续低温 蓝 COLD SPELL 持续低温蓝色预警信号	预计未来可能出现下列条件之一或实况已达到下列条件之一并可能持续： （1）连续 3 天平原地区日最低气温低于 −10 ℃ （2）连续 3 天平原地区日平均气温比常年同期（气候平均值）偏低 5 ℃及以上
℃ 持续低温 黄 COLD SPELL 持续低温黄色预警信号	预计未来可能出现下列条件之一或实况已达到下列条件之一并可能持续： （1）连续 3 天平原地区日最低气温低于 −12 ℃ （2）连续 3 天平原地区日平均气温比常年同期（气候平均值）偏低 7 ℃及以上

如何防御持续低温带来的危害

在持续低温的天气里，要适当调节室内温度，注意添衣保暖，特别要注意手、脸（口、鼻）的保暖。适当加强体育锻炼，增强适应环境的能力和身体的免疫力，避免寒冷天气带来的不利影响。

思考与实践

◆ 探究冷害对作物生理的影响。

◆ 树木“冬衣”保暖探究活动。

树木“冬衣”保暖

一、活动背景

大自然里有许多奇妙的现象是十分值得引人深思的，比如同样种植的树木，有的怕冷，有的不怕冷。松柏、冬青一类树木，即使在滴水成冰的冬天里依然苍翠夺目，经受得住严寒的考验；而枫、柳、桐等一类树木，当入秋气温剧降时则落叶纷纷，有的甚至皮焦汁枯丧失生命。因此，保护树木安全越冬也成为一项重要的课题。

二、目的与意义

通过本课题探究，可以增强学生爱护树木、美化环境的意识，并激发学生主动去研究植物与天气关系的热情；同时通过学生动手制作、给树木“穿衣”等活动，可以培养学生的动手能力；通过探究使学生掌握科学方法与技能，培养科学意识与科学态度。

三、工具与材料

- 稻草若干；
- 温度表若干支；
- 联网电脑若干台；
- 记录用的纸和笔若干。

四、内容与步骤

1. 选样

- 组织 12 名学生分成 4 个小组，每组 3 名学生；
- 上网查询或请教林业专家（或组织学生做一次调研），找出本地惧寒树木品种；
- 在校园不同区域筛选出 12 棵惧寒不同树种作为实验样本；
- 给筛选出的实验样本标号。

2. 搓绳

●教师给每个学生分发稻草；

●教师进行搓绳示范；

●进行搓绳练习，要求每人完成 30 米的搓绳任务。

3. 穿衣

●选择给树木穿衣的部位；

●教师示范穿衣的方法与技术要领；

●对指定的树木进行穿衣；

●教师检查穿衣结果，让学生对不符合要求的进行修正。

4. 测量

●各小组每天分别按到校、中午、下午大课间活动、放学 4 个时间点对树木进行温度测量；

●每组负责 3 棵树，对每棵树进行连续 15 天的温度测量；

●将测量的数据记录在表中，表格样式如表 5-2。

表 5-2　实验样本树温度记录表

（　）月（　）日　天气（　　　）　（　）号树

时间 温度	到校	中午	下午	放学
草绳内温度	℃	℃	℃	℃
草绳外温度	℃	℃	℃	℃

五、分析

●每小组对每棵样本树草绳内（外）的温度数据进行汇总；

●把每棵样本树的情况汇总之后，分析草绳内（外）的温度差情况；

●通过数据的比较，初步得出结论；

●在教师的指导下进一步对数据进行分析，了解温差的具体原因。

六、要求

●本探究活动是一项以温度测量为主要方式的科学探究活动，要求每位同学坚持长时间对树木分时段进行草绳内（外）的温度测量；

●实验样本树木选择应区分向阳、背阴、品种；

●测量前需对测量仪器进行检定；

●每天测量时间点需要相对统一。

七、结论

各小组分组讨论，说说树木穿“冬衣”是否有意义。

第五节 电线积冰

电线积冰现象多发生在冬季，是雨凇、雾凇凝附在电线上或湿雪冻结在电线上的现象。

雨凇指的是过冷却雨滴碰到温度在冰点附近的地面或地物上，立即冻结而成的坚硬冰层，通常是透明的或毛玻璃状的紧密冰层。雾凇指的是在空气层中水汽直接凝华，或过冷却雾滴直接冻结在地物迎风面上的乳白色冰晶。电线积冰以雨凇居多，雾凇次之，混合凇最少。

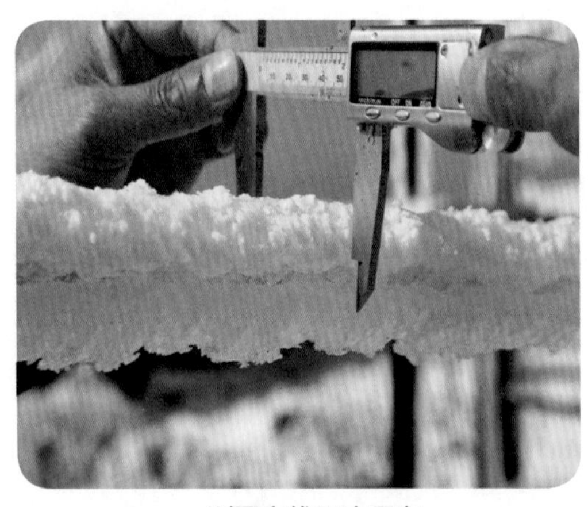

测量电线积冰厚度

雨雪天气导致电线积冰

电线积冰的危害

电线积冰增加了输电、通信架空线路的垂直荷载，电线遇冷收缩，加上积冰重量的影响，可能会绷断电线，有时成排的电杆也会被拉倒，造成通信和输电中断。

我国是世界上电线积冰较为严重的国家之一，近 50 年来，大面积的冰害事故在全国各地时有发生。尤其是 2008 年，低温雨雪冰冻灾害造成南方

电线积冰导致输电线路倒塌损坏

电网 110 ～ 500 千瓦线路倒塔 7377 基，受损 3092 基，13 888 条 1035 千瓦线路故障停运，给当地人民群众生活和经济发展带来严重影响。

电线积冰预警信号

电线积冰预警信号分二级，分别以黄色、橙色表示。

电线积冰预警信号及标准

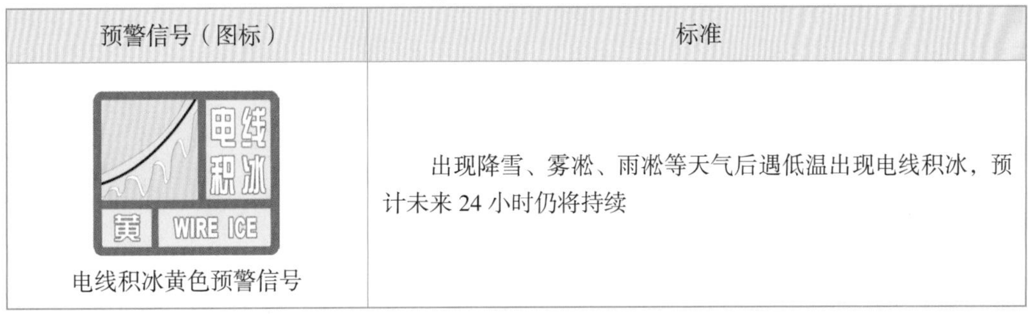

预警信号（图标）	标准
电线积冰 黄 WIRE ICE 电线积冰黄色预警信号	出现降雪、雾凇、雨凇等天气后遇低温出现电线积冰，预计未来 24 小时仍将持续

续表

预警信号（图标）	标准
电线积冰橙色预警信号	出现降雪、雾凇、雨凇等天气后遇低温出现严重电线积冰，预计未来 24 小时仍将持续，可能对电网有影响

如何防御电线积冰带来的危害

在出现电线积冰的天气里，出行时尽量避免在有积冰的电线与铁塔下停留或走动，以免被掉落的冰凌砸伤。

思考与实践

◆ 什么是雨凇？

◆ 什么是云中过冷却液态降水？同学们结合所学过知识进行探究。

第六章 积极应对气候变化

气候变化是指气候平均状态随时间的变化，通常用气象要素（气温、气压、湿度、风、降水等）在较长时期（通常是几十年或更长时间，世界气象组织规定，一般采用30年时间段）的平均值和（或）变率（距平）的变化来表征。

第一节 全球气候在变化

全球气温是在升高还是降低

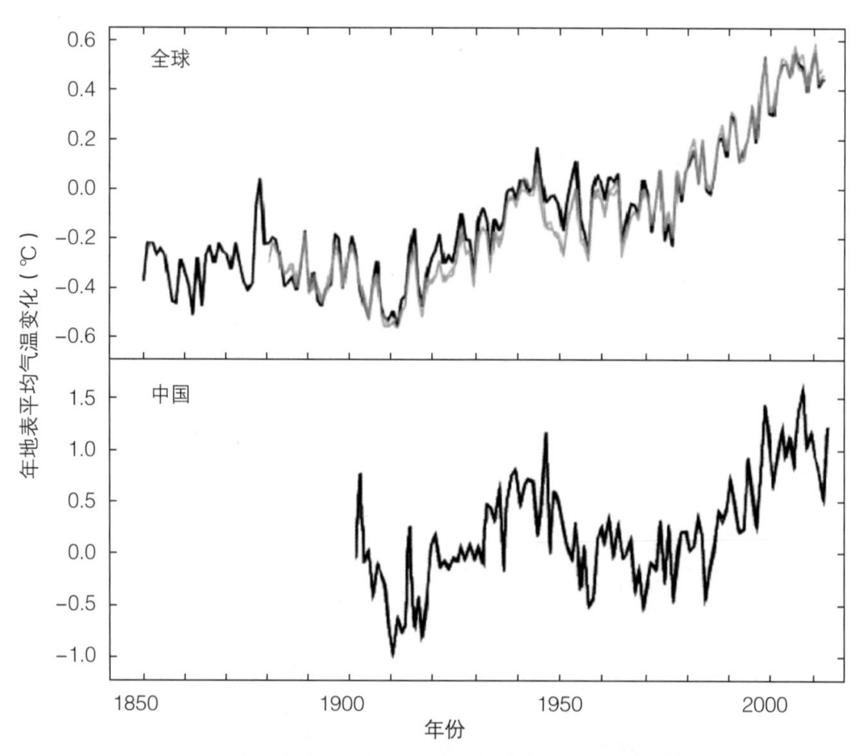

地表平均气温距平变化（相对于 1961—1990 年平均值）
（资料引自国家气候中心《认知气候变化 保障气候安全》）

全球气候变暖是近百年来气候最显著的变化之一。

2014 年 IPCC 评估报告称，近 130 多年来，全球地表平均气温上升了 0.85 ℃。其中，1951—2012 年，全球地表平均气温每 10 年升高 0.12 ℃，几乎是 1880 年以来气温平均上升速度的 2 倍。近 60 年来，我国地表平均气温升高了 1.38 ℃，平均每 10 年升高 0.23 ℃，几乎为全球气温平均上升速度的 2 倍。

知识百科

距平 某一系列数值中的某一个数值与平均值的差，分正距平和负距平。

IPCC 经联合国大会批准，1988 年世界气象组织和联合国环境规划署联合建立了政府间气候变化专门委员会（Intergovernmental Panel on Climate Change，IPCC）。作为政府间科学机构，IPCC 旨在全面、客观、公开和透明的基础上，综合评估气候变化科学、影响与适应以及减缓领域的研究成果，发布评估报告。

海平面是在上升还是下降

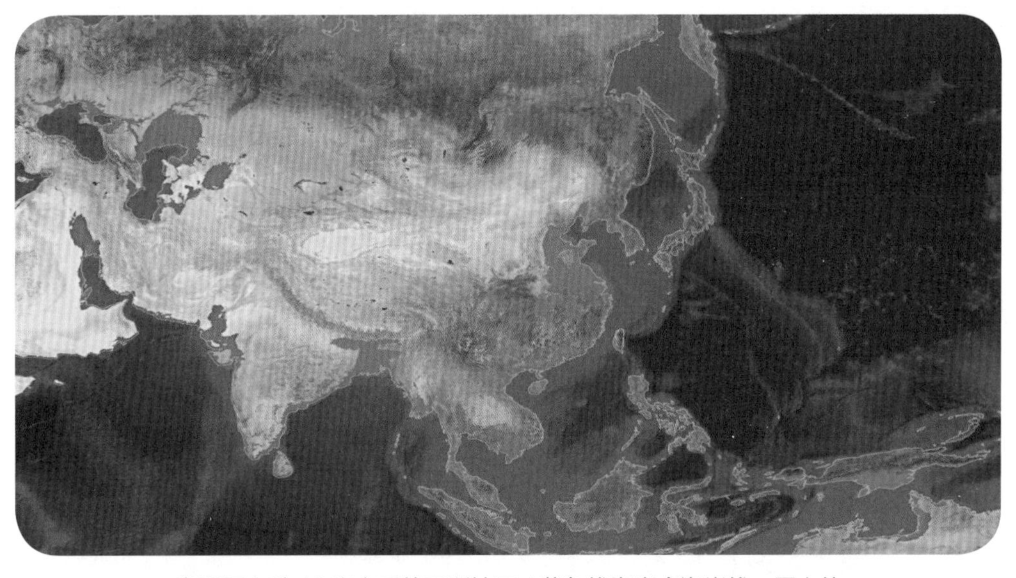

海平面上升 66 米之后的亚洲地区（蓝色线为当今海岸线，图上的陆地面积为海平面上升之后剩余的陆地面积，图片源自美国《国家地理杂志》）

在全球气候变暖的大环境下，由于海水受热膨胀、冰雪融水和陆地储存水进入海洋，全球海平面持续上升。1901—2010 年，全球海平面总共上升了 0.19 米。国家海洋局《2013 年中国海平面公报》中显示，1980—2013 年，中国沿海海平面总体呈波动上升趋势，平均上升速率为 2.9 毫米／年，高于全球平均水平。

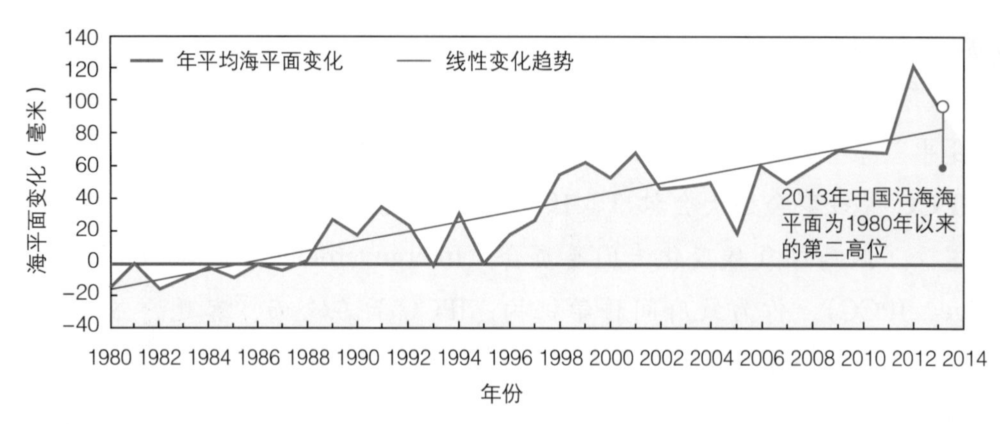

中国沿海海平面距平变化（相对于 1975—1993 年平均值）
（资料引自国家海洋局《2013 年中国海平面公报》）

冰川是在延伸还是退缩

冰川是地球上最大的淡水水库，全球大约有 75% 的淡水资源被储存在冰川中，这些冰川保存在南、北两极和一些高海拔的山地上。从某种意义上讲，冰川是江河之源。

1979—2013 年，北极海冰范围呈现一致性的减少趋势，并以平均每 10 年缩小 3.5% ～ 4.1% 的速度发展。

北极海冰

1960年以来，我国大部分山地冰川普遍退缩，并呈现出退缩加速发展的趋势。预计未来全球冰川体积将进一步缩小，到21世纪末，全球冰川体积将减少15%～85%。

乌鲁木齐河源一号冰川

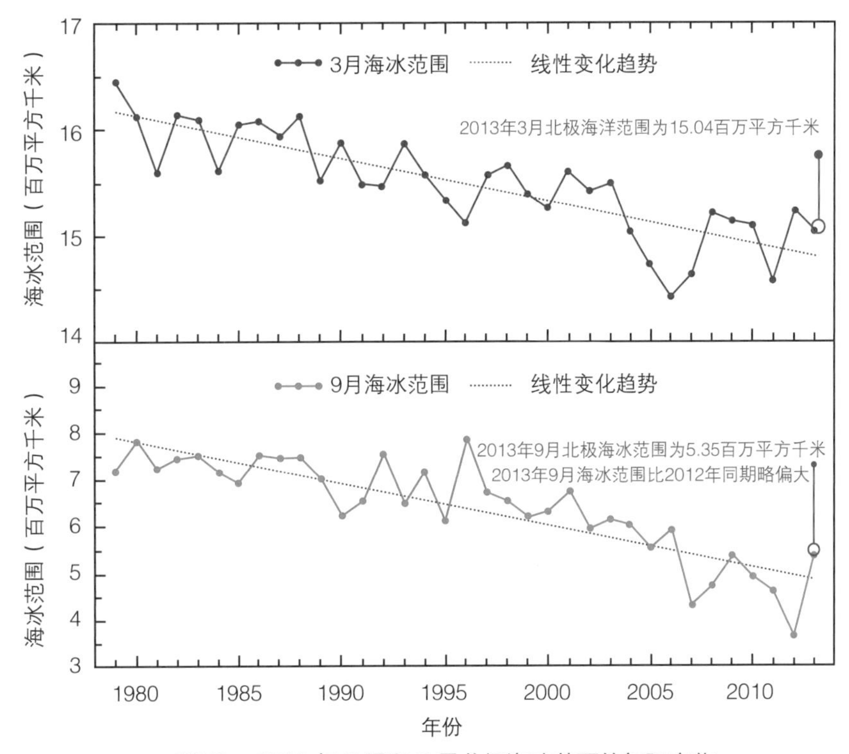

1979—2013年3月和9月北极海冰范围的年际变化

知识百科

冰川 也被称为冰河，是极地或高山地区地表上多年存在并具有沿地面运动状态的天然冰体。它是多年积雪，经过压实、重新结晶、再冻结等成冰作用而形成的。因为冰能够反射80%的阳光，所以冰川可以起到降低地球温度的作用。

思考与实践

◆ 气温上升会带来哪些危害？

◆ 海平面上升会导致什么样的后果？

◆ 冰川消融会造成怎样的危害？

◆ 利用寒暑假的时间和父母一起去我国冰川最多的省份旅游，并把你认为最美的冰川拍照下来保存好。等过些年你再有机会去那里的话，还在当初拍照的那个位置再次进行拍照，比较一下这些年那里冰川的变化。

第二节 气候变化的危害

 气候变化会导致极端天气气候事件增多

全球气候变暖是极端天气气候事件频发的大背景。随着全球气候变暖，极端天气气候事件的出现频率会发生变化，特别是强降水、高温热浪、干旱等极端事件，呈现不断增多、增强的趋势，预计今后这种极端事件的出现将更加频繁。气候变暖正在影响一些极端天气或气候极值的强度和频率，改变着自然灾害发生、发展的规律。

暴雨洪涝

暴雪

干旱

高温

气候变化对安全问题的影响

影响粮食安全

粮食安全是一个国家经济安全的基础，气候变化加剧了农业气象灾害的发生，对全球粮食产量产生了严重的威胁。气候变化导致小麦和玉米平均每10年分别减产1.9%和1.2%。

气候变化带来极端天气导致农田旱灾（左）和涝灾（右）

影响水资源安全

水资源是国家生存和发展的基本保障条件，是一种具有稀缺性的战略资源。降水变化和冰雪消融改变了水文系统，影响水资源量和水质，导致淡水资源缺乏。20世纪中叶以来，全球200条主要河流中约有1/3的河流径流量明显减少。

涵养水源

知识百科

径流量 在水文上有时指流量，有时指径流总量，即一定时段内通过河流某一断面的水量。

影响生态安全

地球上生物的多样性是人类赖以生存和发展的基础，而地球上的生物物种正在以前所未有的速度消失。全球气候变化严重威胁着地球上的生物物种，并改变了它们的地理分布、季节活动、迁徙模式以及生物多样性。

海水温度升高导致珊瑚出现白化现象

思考与实践

◆ 通过上网搜索等方式和同学们一起探讨气候变暖为何会导致极端天气气候事件频发？

◆ 通过各种方式搜集资料，和同学们一起讨论地球上的哪些生物物种正在遭受气候变化带来的威胁。

◆ 你有没有经历过极端天气气候事件，若经历过请将你的所见所闻讲述给你的同学听。

第三节 人类活动对气候变化产生的影响

IPCC 在第四次评估报告中指出，人类活动的总体效应是使气候变暖。20 世纪中期以来，人类活动对气候的影响已经远超过了我们已知的自然因素（如太阳活动变化、火山爆发等）的影响。

人类活动主要通过什么方式影响气候

人类活动主要通过排放温室气体影响气候。科学家相信我们的地球正在以比以往任何时候都快的速度变暖。这些快速的变化很大程度上是由于温室气体排放到大气中造成的。自工业化以来，全球大气中的二氧化碳（CO_2）、甲烷（CH_4）和氧化亚氮（N_2O）等主要温室气体的浓度持续升高。

工厂排放废气

2000—2010 年是温室气体排放量增长最多的 10 年，年均排放增速从 2000 年前的 1.3% 增长到 2.2%。其中，47% 来自能源供应、30% 来自工业、11% 来自交通、3% 来自建筑，其余来自农业及废物排放等。

2000—2010年温室气体主要排放源
（该图引自国家气候中心《认知气候变化 保障气候安全》）

知识百科

温室气体 指的是大气中能吸收地面辐射，并重新释放辐射的一些气体。

太阳辐射透过大气到达地面，地面受热后又向外放射辐射，而大气中的温室气体就好像一张毛毯一样能够阻止这种热量的散失，使地球表面变得更暖，其作用就好比是栽培作物的温室，所以把这种影响称为“温室效应”。

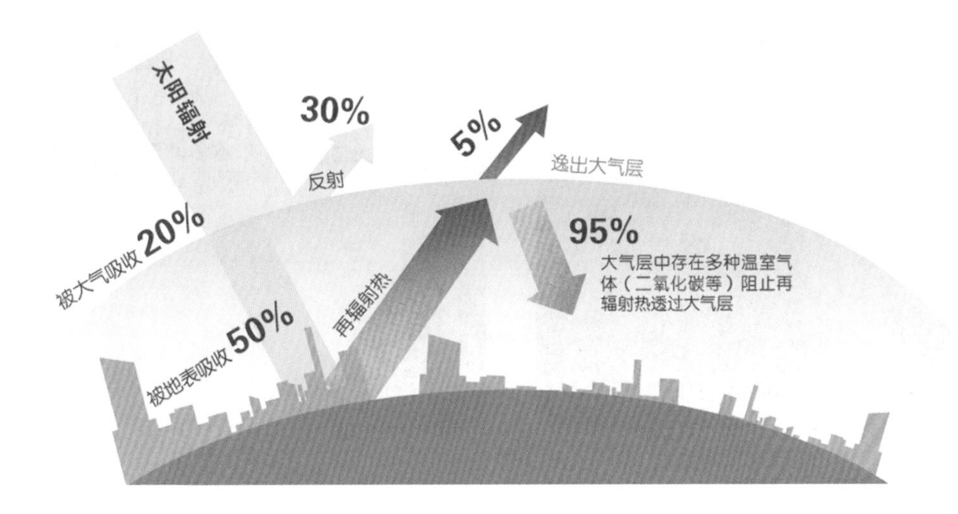

未来全球气候将变暖还是变冷

造成当今气候变暖的主因是人类活动，温室气体继续排放将会造成21世纪末全球气温在现有基础上再升高0.3～4.8 ℃，人为温室气体排放得越多，增温幅度就越大。

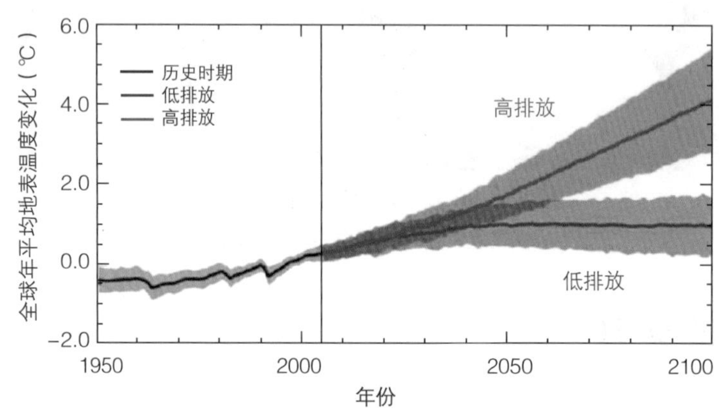

全球地表平均气温距平变化及未来预测（相对于1986—2005年平均值）

随着全球温度上升，极端暖事件将进一步增多，极端冷事件将减少，高温热浪发生的频率将更高，时间更长。全球将呈现“干的地方越干、湿的地方越湿”的趋势。

森林大火

暴雨洪涝

思考与实践

◆ 有机会和父母一起到京郊的温室大棚进行采摘（如去京郊采摘草莓），携带一个气温表，分别测一测温室大棚里面和外面的气温，然后进行对比，加深对温室效应的理解。

◆ 随着全球气候持续变暖，未来还将会给我们的地球家园带来哪些严重危害？

◆ 通过上网查询等方式查找如果全球气温分别上升 1 ℃、2 ℃、3 ℃，4 ℃和 5 ℃会给我们的地球家园带来怎样的后果？

第四节 气候变化对北京的影响

气候变化对北京的影响

北京地区地理环境复杂，气候变率大，极端天气气候事件和气象灾害种类多，常见的气象灾害有干旱、暴雨、暴雪、冰雹、沙尘（暴）、大风、寒潮、雷电、高温、持续低温、霜冻、大雾、霾等。其中干旱、夏季高温、局地暴雨和突发性强对流天气灾害频繁发生，给城市安全运行和人民群众的生产、生活带来严重影响。近些年来，随着经济社会的发展，气象灾害造成的经济损失呈明显上升趋势。

除此之外，气候变化对北京城市的影响主要体现在气温及热岛效应上。

北京气温的空间分布

由于地理因素的影响，北京地区的气温空间分布变化较大。年平均气温与各季气温随海拔高度的升高而递减，即平原高，山区低。北京地区的年平均气温，平原地区为 12 ～ 13 ℃，海拔高度在 300 ～ 500 米的丘陵、缓坡、低山区为 10 ～ 11 ℃，500 米以上的山区在 9 ℃以下，海拔高度最高的佛爷顶气象站仅为 5.6 ℃，见图 6-1。

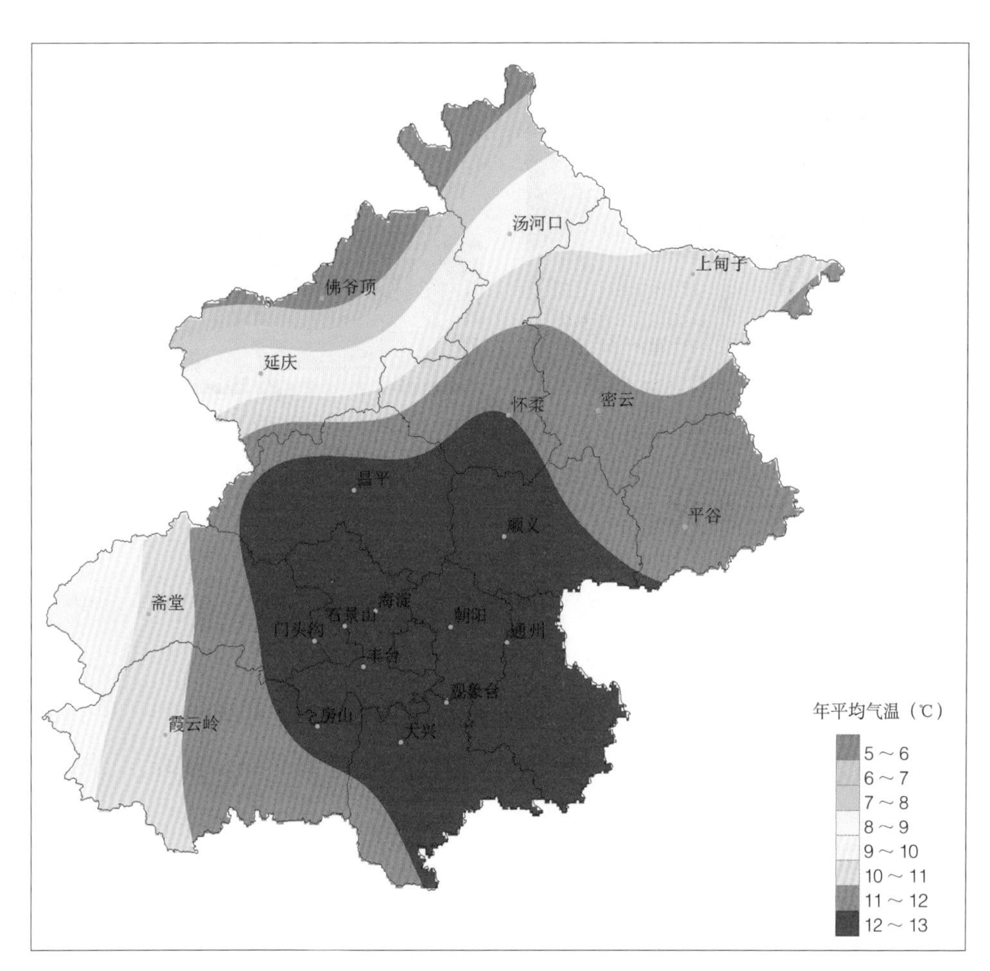

图 6-1　1981—2010 年北京地区年平均气温分布
（图中有文字标识的为国家气象观测站）

知识百科

佛爷顶气象站地处延庆区佛爷顶山顶海拔 1224.7 米处，是北京市海拔最高的一般气象站，该处天气变化复杂，气候条件恶劣。佛爷顶气象站属国家三类艰苦台站。

佛爷顶气象站

观测员在佛爷顶气象站观测

北京气温的变化

北京地区气温年、日变化大，冬季寒冷、夏季炎热，春、秋季升（降）温快。

1981年以来，北京市观象台年平均气温最低值为12.1 ℃，出现在1986年；年平均气温最高值为14.1 ℃，出现在2014年。2004—2009年，北京市观象台年平均气温都维持在13 ℃以上，见图6-2。

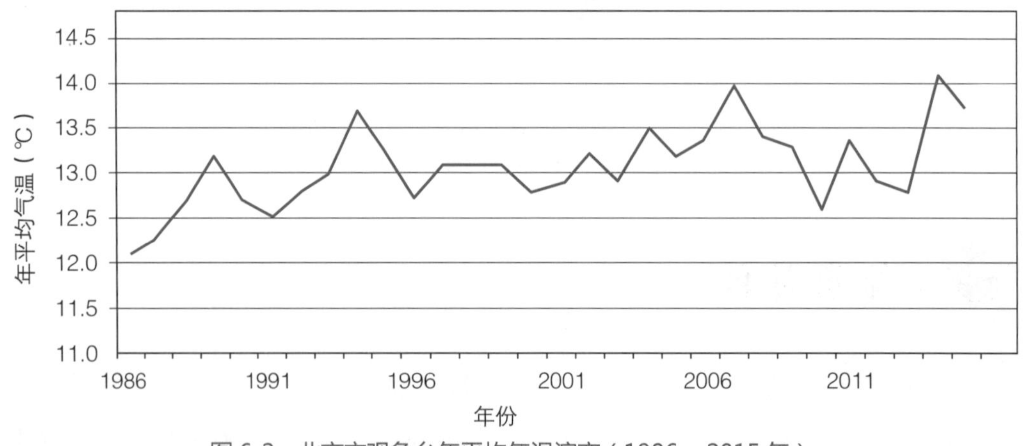

图6-2　北京市观象台年平均气温演变（1986—2015年）

知识百科

北京市观象台观测数据代表北京地区参加世界气象组织（WMO）的全球气象数据资料交换，以上气象数据为北京市观象台观测数据。

北京城市热岛效应的特点

近年来，人类活动对气候的影响在城市中表现最为突出。城市是人类活动的中心，由于城市人口密集、工商业发达、交通拥堵、绿地较少、污染物排放以及城市建筑物不断增多等原因，使得城区的气温明显高于外围郊区，在温度的空间分布上，城市犹如一个温暖的岛屿，从而形成城市热岛效应。

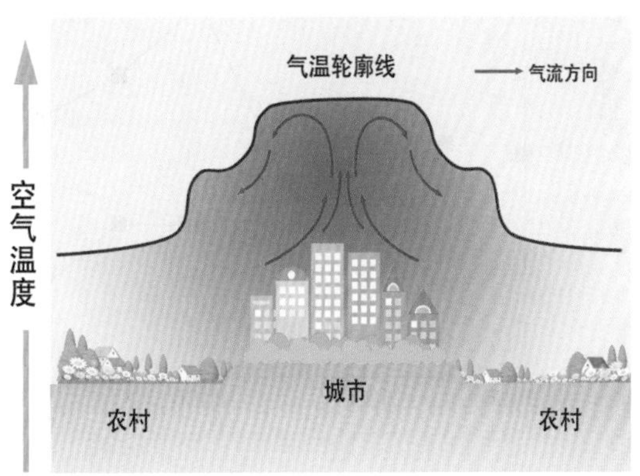

城市热岛效应气温变化

由表 6-1 可以看出，北京的城市热岛效应冬季最强，春季和秋季次之，夏季最弱。

表 6-1　不同时段北京城市热岛强度统计表（1996—2010 年）

时段（年份）	热岛强度（℃）									
	春季		夏季		秋季		冬季		年均	
	UHI1	UHI2	UHI1	UHI2	UHI1	UHI2	UHI1	UHI2	UHI1	UHI2
1996—2000	0.38	0.39	0.16	0.17	0.30	0.36	0.79	1.26	0.41	0.54
2001—2005	0.29	0.49	0.26	0.35	0.32	0.60	0.56	1.12	0.36	0.65
2006—2010	0.55	0.59	0.59	0.44	0.79	0.62	0.96	1.34	0.73	0.74
1996—2010	0.41	0.49	0.34	0.32	0.47	0.53	0.77	1.24	0.50	0.64

注：UHI1 表示城区与近郊区温差，UHI2 表示城区与远郊区温差。

从图 6-3 可以看出，北京地区 2010 年的热岛效应最为明显，城区与近郊区温差(UHI1) 达到了 0.80 ℃，城区与远郊区温差(UHI2) 达到了 0.91 ℃。

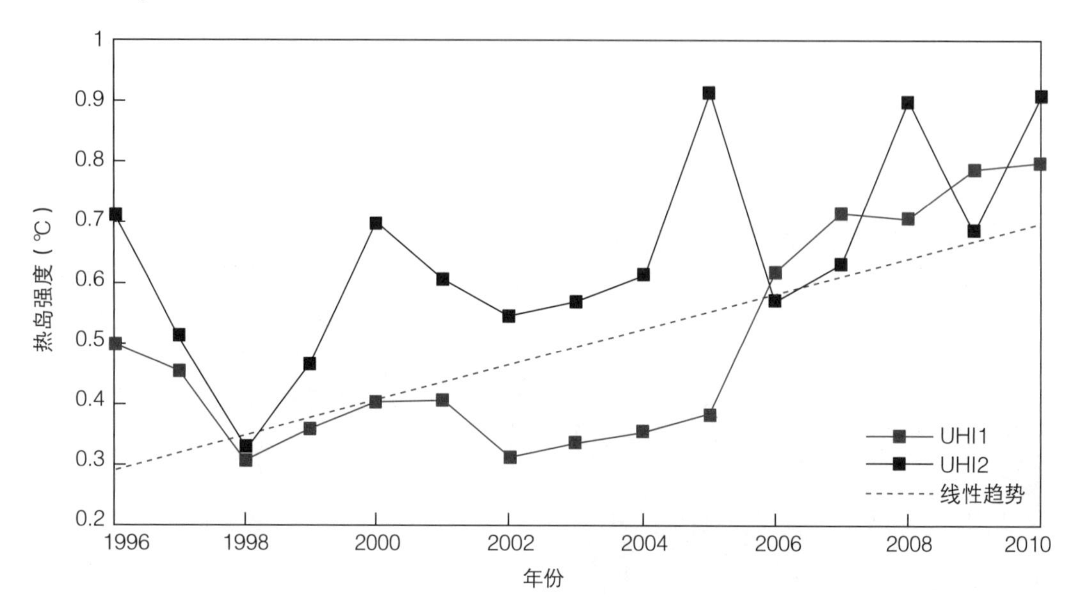

图 6-3 北京城区与近郊区 (UHI1)、城区与远郊区 (UHI2) 温差曲线

知识百科

热岛强度 指中心城区气温相对郊区气温高出的数值大小，数值越大，热岛强度越强。

思考与实践

◆ 请在图 6-1 中分别读出图中标注的“朝阳”“平谷”和“佛爷顶”3 处的年平均气温范围。

◆ 图 6-2 中，北京地区的年平均气温是呈逐年上升趋势还是逐年下降趋势？

◆ 请从表 6-1 中读出 2006—2010 年北京城区与远郊区温差（UHI2）的年均数值。

◆ 表 6-1 以及图 6-3 中，北京城市热岛强度整体上是有逐年增强的趋势还是有逐年减弱的趋势？

◆ 组织学生开展一次去北京市观象台参观的集体活动，由气象讲解员现场讲解气温等气象要素的观测方法，让同学们对气温等气象要素的观测有更直观的认识。

◆ 准备 3 支温度计，与班里同学分别在北京不同位置（城区、近郊、远郊）选取 3 个观测地点，约定好同一时间测一下该位置的气温（观测位置的选取要具有相似性，如都在位于相同纬度的公园里而且是背阴处不被阳光直射的地方测量，因为不同的观测环境会产生误差），然后进行比较，看看同一时刻北京哪个位置的气温最高、哪个位置的气温最低，并按照表 6-2 填写相应的观测到的气温数据。

表 6-2 不同时间、地点的气温观测对比

观测时间	观测地点的气温（℃）		
	城区（四环内）	近郊区（四环外至六环内）	远郊区（六环外）
08：00			
14：00			
20：00			

第五节 低碳生活从我做起

“低碳”是指较低的温室气体（二氧化碳为主）排放。“低碳生活”是指尽力减少所消耗的能量（特别是二氧化碳排放），从而减少对大气的污染，减缓生态恶化的一种环保生活方式。

近年来，我国通过大力发展低碳能源、节能减排、优化能源和产业结构，加快转变经济发展等方式，有效抑制了温室气体排放增长过快的趋势。

风力发电

光伏发电

对许多人来说，“低碳经济”“低碳产业”似乎离我们还很遥远，但事实上每个人的生活都与碳排放息息相关，每个人每天的衣、食、住、行都在时刻影响着我们的生存环境。低碳生活是协调经济社会发展和保护环境的重要途径。减少二氧化碳排放，选择“低碳生活”，就是为了让我们的地球家园变得更加宜居。

绿色出行

绿色出行就是采用对环境影响最小的方式出行，也就是采取节约能源、减少污染以及有益健康的出行方式。例如，多乘坐公共汽车、地铁等公共交通工具，合作乘车，环保驾车，或者步行、骑自行车等。

骑自行车出行

乘坐地铁出行

节电行动

据测算，每节约 1 度电，相应地节省大约 400 克的标准煤、4 升净水，减少 272 克碳粉尘、785 克二氧化碳、30 克二氧化硫和 15 克氮氧化合物等的排放。

生活中，尽量做到随手关灯、人走灯灭；充分利用自然光，在自然光能够满足要求时，尽量不要使用照明灯；同样亮度下用节能灯可节电 70% ～ 80%；家用电器不用时，不要处于待机状态，请及时关闭电源开关，这样可节电 10% 左右；空调的设置温度不宜太低，否则空调的耗电量将增加，夏季以设定在 26 ～ 28℃为宜；充电后及时拔掉充电器，能够有效减少电能浪费。

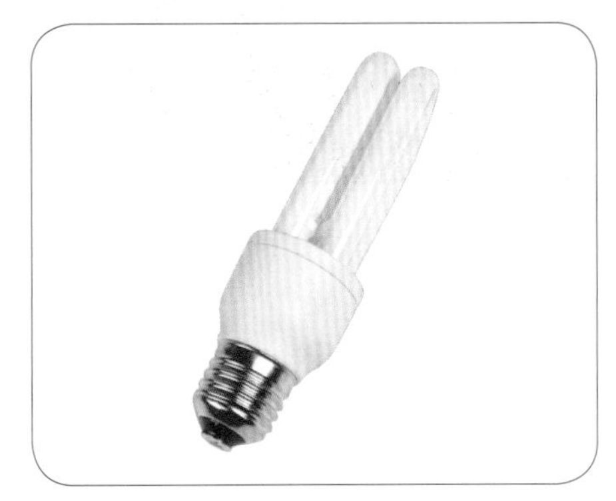

节能灯管

夏季将空调设定在 26 ℃或以上

节水行动

经测算，炼一吨钢需要 4 吨水，生产 1 千克粮食需要 1300 千克水，生产一个人一天需要的肉、蛋、奶需用水约 380 千克。生产与消费不仅消耗大量的水，也伴随着大量的碳排放。我国《全民节能减排手册》中指出，如果我们以使用盆来接水洗菜代替直接冲洗的话，每个家庭每年可以节水 1.64 吨。与此同时减少了等量的污水排放，并相应减排二氧化碳 0.74 千克。如果全国有 1.8 亿户城镇家庭这么做的话，每年就可以减少 13.3 万吨的二氧化碳排放量。低碳生活，从节水开始！

思考与实践

校外实地调研、采访身边及不同行业的人对气候变化的理解，自己动手制作气候变化专题小片进行评比，切身体验、感受气候变化对人们生产、生活带来的影响。

暑期社会实践调研采访活动

参考文献

北京市民防局，北京减灾协会，2014. 北京市公共安全知识读本：公务员版 [M]. 北京：北京出版社.

北京市民防局，北京减灾协会，2015. 北京市公共安全知识读本：社区修订版 [M]. 北京：北京出版社.

北京市农村工作委员会，北京市气象台，北京气象学会，2007. 农村农民如何防避气象灾害 [M]. 北京：气象出版社.

北京市气象局，2019. 北京市气象灾害预警信号与防御指南 [M]. 北京：气象出版社.

陈云峰，成秀虎，俞卫平，等，2009. 安徽省小学生气象灾害防御教育读本 [M]. 北京：气象出版社.

李家启，刘斌，2011. 气象科技活动 . 下册 [M]. 北京：气象出版社.

李威，巢清尘，2018. 气候：历史的推手——从气候变化看历史变迁 [M]. 北京：气象出版社.

秦大河，翟盘茂，李晓燕，2009. 厄尔尼诺 [M]. 北京：气象出版社.

王建忠，2015. 中小学气象防灾减灾知识读本 [M]. 郑州：海燕出版社.

夏青，2016. 探究变化的气候——中学生应对气候变化行动 [M]. 北京：气象出版社.

尹炤寅，乔媛，沈建红，等，2016. 北京天气漫话 [M]. 北京：气象出版社.

翟盘茂，余荣，郭艳君，等，2016. 2015/2016 年强厄尔尼诺过程及其对全球和中国气候的主要影响 [J]. 气象学报，74（3）：309-321.

中国气象局，2007a. 社区气象灾害避险指南 [M]. 北京：气象出版社.

中国气象局，2007b. 中小学气象灾害避险指南 [M]. 北京：气象出版社.

朱乾根，林锦瑞，寿绍文，等，2007. 天气学原理和方法 [M]. 北京：气象出版社.

附录

北京市观象台

北京市观象台（南郊观象台）是北京市气象局的直属事业单位，国家基本气象站（区站号 54511），主要从事高空、地面气象数据观测采集、天气监测、仪器研发和气象科普等工作。观测种类之全之新、新探测设备的研发推广及国际交往等方面具有鲜明的代表性和示范性。作为北京地区唯一参与世界气象数据交换的台站，在国内外有较高影响力。

现址位于大兴区旧宫东（东接京沪高速路，南邻五环路，毗邻亦庄经济技术开发区），距市中心 12.8 千米，距北京市气象局 37 千米，占地面积 42 000 平方米。

北京市观象台具有悠久的台站历史，从 1841 年至今有连续的气象观测记录，为研究气候变化奠定了良好的数据基础。

北京市观象台的建设和发展定位为“综合观测、科学试验和气象科普一体化园区”。形成了室内展馆与室外设备展示相结合的气象科普园区，实现气象科普管理和运行的制度化、规范化、常态化。科普设备、展板展示和互动体验活动也可作为进学校、进农村和进社区的丰富形式，利于在多种科普活动中应用。

近年来，气象防灾减灾、应对气候变化工作越来越受到政府和社会公众的关注，气象科普宣传工作也达到前所未有的高度。北京市观象台作为北京市气象局从事综合气象观测的窗口单位，具有气象探测领域（气象仪器设备、业务观测场地）的资源优势，具备开展气象科普工作的环境和条件。在世界气象日、防灾减灾日、全民素质教育活动中，面向社会公众、中小学生开展开放活动，宣传气象科学知识，强化安全意识和避险意识，提升防灾和自救能力，提高了气象部门的社会宣传力、认知力和影响力。2012 年以来，北京市观象台先后被命名为“全国气象科普教育基地”“北京市科普教育基地”“全国科普教育基地”“全国中小学生研学实践教育基地”和“全国中小学生教育实践社会大课堂”。

参观信息：预约参观，电话 010−68400731。

地址：北京市大兴区成寿寺路临 1 号亦庄桥北。

地铁路线：地铁亦庄线，亦庄桥站下车，步行至北京市观象台。